엄마를 위한

멘사 종합 퍼즐

멘사 공식 두뇌 계발 퍼즐로 우울증, 스트레스를 날려라

Mensa
The High IQ Society

엄마를 위한
멘사
종합
퍼즐

초급

로버트 앨런 지음 | 홍주연 옮김

알파미디어

퍼즐로 내 두뇌의 한계에 도전하라

- 팀 데도풀로스Tim Dedopulos

퍼즐 반사 신경

퍼즐의 역사는 인류의 역사만큼 오래되었다. 당연한 일이다. 우리가 세상을 인식하는 방식이 퍼즐을 푸는 과정과 같기 때문이다. 우리의 뇌는 주변 환경을 각각의 요소로 분해한 뒤 우리가 그동안 경험해 본 다른 것들과 비교함으로써 세계를 이해한다. 형태, 크기, 색, 질감 등 수많은 성질을 비교하여 머릿속에서 대상의 범주를 분류하고, 주변에 있는 다른 사물에 관한 지식을 검토하여 맥락을 부여한다. 우리는 이러한 연결망을 따라감으로써 우리가 바라보고 있는 대상을 이해하여 주어진 상황에 대처할 수 있게 된다. 낙엽송을 생전 처음 보았다 해도 우리는 그것이 나무라는 사실을 알 수 있다. 대부분의 경우에는 기본적인 인식만으로도 충분하지만 어쨌든 우리는 사물을 인지할 때마다 상호 참조와 분석, 정의의 과정을 거친다. 즉, 퍼즐을 푸는 것이다.

이러한 논리적 분석 능력은 창의력, 귀납 능력과 더불어 우리 머릿속에서 가장 유용한 도구 중 하나다. 이 능력이 없었다면 과학도 존재하지 않았을 것이고, 수학은 그저 물건의 수를 세는 방법에 지나지 않았을 것이다. 인류가 어떻게든 동굴 밖으로 나왔다 해도 그렇게 멀리 가지 못했을 것이다.

우리는 무의식적으로 우리 자신을 다른 이들과 비교한다. 우리가 머릿속에 분류해 둔 범주 안에는 우리의 자리도 있다. 우리는 자신이 속한 위치를 알고 싶어 하며 이는 자기 자신, 그리고 다른 이들과의 경쟁 본능으로 이어진다. 개인의 한계를 뛰어넘는 데는 경험, 유연성, 힘이 필요하다. 신체뿐 아니라 정신에 있어서도 마찬가지다. 추론은 우리에게 만족과 가치감을 안겨 주며 우리의 자아상을 이루는 복잡한 요소 중 일부가 된다. 우리는 무엇인가를 이뤄 냈을 때 큰 성취감을 느낀다. 특히 자신의 능력으로는 너무 어려울 거라고 생각했던 일을 이뤄 냈을 경우 더욱 그렇다.

다시 말해 뇌는 분석, 패턴 인식, 논리적 추론을 통해 세계의 의미와 구조를 파악한다. 그리고 우리가 스스로의 능력을 시험하려는 욕구는 그로부터 비롯되는 당연한 본능이다. 그렇다면 우리가 퍼즐을 풀면서 시간을 보내는 것보다 더 자연스러운 일이 어디 있겠는가?

고대의 퍼즐

퍼즐을 풀고자 하는 욕구는 모든 인류의 보편적인 특징이었던 듯하다. 고고학적 증거가 남아 있는 모든 시대, 모든 문화권에서 퍼즐의 흔적을 찾아볼 수 있기 때문이다. 명백하게 퍼즐로 볼 수 있는 과거의 유물 중 가장 오래된 것은 기원전 2000년경의 것이다. (우리가 아는 최초의 문자가 기원전 2600년경의 것인데 말이다.) 고대 바빌로니아에서 사용했던 서판 위에 남아 있는 이 퍼즐은 삼각형의 변에 관한 수학 퍼즐이다.

비슷한 시기의 또 다른 퍼즐도 발견되었다. 고대 이집트의 린드 파피루스 안에는 영국의 전통적인 수수께끼인 '내가 세인트아이브스에 가려고 할 때' 의 전신이라고 할 수 있는 퍼즐이 기록되어 있다. 이 퍼즐의 기초가 되는 상황은 다음과 같다. 일곱 채의 집 안에 일곱 마리의 고양이가 있다. 각 고양이는 쥐를 일곱 마리씩 잡아먹는데, 각 쥐는 낟알을 일곱 개씩 먹었다. 가상의 설정임이 명백하다.

비슷한 예로 고대에 만들어진 '퍼즐 저그'의 초기 형태도 남아 있다. 사이 프러스에서 발견된 이 유물은 기원전 1700년 경 페니키아에서 만들어진 것으로 뒷날 중세 유럽에서 인기를 끌게 될 물병과 유사한 형태였다. 나중에 카도간 주전자라고도 불리게 되는 이러한 형태의 물병은 뚜껑이 없고 아래쪽에 있는 구멍을 통해 물을 채워야 한다. 병 내부에 깔때기 형태의 또 다른 병이 있어, 병을 거꾸로 뒤집었을 때 물을 흘리지 않고도 절반 정도를 채울 수 있다.

그러나 이러한 고대의 유물들은 만들어진 지 오랜 시간이 지났기 때문에 그것을 만든 이들이 정말 퍼즐을 염두에 둔 것인지 혹은 단순히 수학적 설명을 목적으로 한 것인지 불확실할 때도 있다. 등비수열이 적혀 있는 고대 바빌로니아의 한 서판은 기원전 2300년경의 것으로 추정된다. 그보다 더 오래된 수학적 유물은 기원전 2700년경의 것으로 여겨지는 정다면체 형태로 깎인 석구들이다. 이 석구들은 정규 볼록 다면체, 즉 동일한 다각형들로 이루어진

---

1 수수께끼 형태의 영국 전통 동요로 가장 흔한 버전은 다음과 같다. '세인트아이브스에 가는 길에 일곱 아내가 있는 남자를 만났네. 각 아내는 일곱 개의 자루를 가지고 있고, 각 자루 안에는 일곱 마리의 고양이가 있고, 고양이 한 마리에게는 일곱 마리의 새끼 고양이가 있다네. 새끼 고양이, 고양이, 자루, 아내. 세인트아이브스로 가고 있는 이는 모두 몇일까?'-옮긴 이)

3차원 입체이다. 가장 익숙한 형태는 6개의 사각형으로 이루어진 6면체이지만 그 밖에 8개의 등변삼각형으로 이루어진 8면체, 12개의 오각형으로 이루어진 12면체, 20개의 등변삼각형으로 이루어진 20면체도 있다.

이것이 교육 용구였는지, 퍼즐이나 게임 도구였는지, 이론을 설명하기 위한 도구였는지, 예술 작품이나 혹은 종교적 상징이었는지는 알 방법이 없다. 하지만 이러한 유물의 존재는 그 시대에 누군가가 이미 상당한 수준의 수학적 퍼즐을 풀어내어 정규 볼록 다면체가 존재할 수 있다는 사실을 밝혀냈음을 보여 준다.

아메넴헤트의 미궁

역사상 가장 거대한 퍼즐 중 하나가 만들어진 것도 같은 시대였다. 이집트의 파라오인 아메넴헤트 3세가 건설한 피라미드 주변에는 거대한 성전이 미로 형태로 세워져 있었다. 파라오의 미라와 보물을 도굴꾼에게서 지키기 위해 설계된 이 미로는 너무나 화려하고 정교해서 크레타의 미노스 왕이 미노타우로스를 가두기 위해서 다이달로스를 시켜 크노소스에 세웠던 유명한 미로의 영감이자 기초가 되었다고 전해진다.

퍼즐의 역사

시간이 조금씩 흐를수록 복잡한 형태를 띠는 퍼즐이 다양하게 생겨났다. 이는 고고학과 역사학 자료들이 분명하게 뒷받침한다. 그리스의 전설에 따르

면 숫자가 매겨진 주사위가 처음 발명된 것은 기원전 1200년경 트로이 포위 때의 일이다. 기원전 5세기에서 3세기 사이의 그리스에서는 '수평적 사고 퍼즐'과 '논리적 딜레마' 문제가 크게 유행했다. 기원전 1세기 중반 그리스에서는 중요한 수학 퍼즐이 많이 생겨났으며 기원후 100년 무렵에는 로마까지 퍼져나갔다. 이 시기에 중국 사람들도 로슈洛書라는 특별한 놀이를 즐겼으며 수학적 원리를 깊이 있게 적용한 문제도 많이 풀었다고 한다.

현대에 가까워질수록 퍼즐이나 퍼즐과 유사한 게임들이 점점 더 흔해졌다. 기원전 500년경 중국에서는 바둑이 시작되어 천 년 뒤 일본에까지 전파되었다. 일본에서 바둑은 아직도 중요한 스포츠다. 비슷한 시기에 인도에서는 차투랑가, 중국에서는 장기가 시작되었다. 여러 개의 고리를 끼워 맞춰 반지를 만드는 퍼즐링Puzzle Ring 또한 기원후 3세기 무렵 중국에서 처음 등장했고, 뱀사다리게임도 7세기 무렵에 중국에서 시작되었다고 알려져 있다.

최초의 카드놀이는 기원후 969년 중국 요나라 목종 황제의 업적을 기록한 자료에서 찾을 수 있다. 이것은 오늘날 카드놀이와는 많이 다르지만 11~12세기 페르시아인들이 즐겼던 놀이와 상당히 비슷하다. 1697년에는 혼자서 하는 카드놀이, 솔리테어Solitaire가 처음 등장했다. 특히 18세기에서 19세기로 넘어올 즈음 발생한 산업 혁명의 거센 물결이 아이디어를 퍼뜨리는 방식을 크게 바꾸면서 퍼즐이 폭발적으로 늘어나기 시작했다. 이 시기 사람들의 눈길을 끌어 인기를 모은 퍼즐로는 1767년에 존 스필스버리가 고안한 직소 퍼즐, 그림 맞추기 퍼즐, 1820년에는 찰스 배비지가 처음으로 틱택토Tic-Tac-Toe, 미국식 오목에 대해 정식으로 논하였다. 1830년에는 미국에서 포커가 처음 등장했고, 1883년에는 프랑스의 수학자 뤼카가 '하노이의 탑' 퍼즐을 만들어 냈다. 1913년 12월 21일 〈뉴욕월드〉 신문에 아서 윈이 개발한 크로스워드십자말풀이 퍼즐이 처음 실렸으며, 1974년에는 에르뇨 루빅이 자신의 이름을 딴 루빅 큐브라는 장난감을 개발했다. 1979년에는 미국인 하워드 간스가 스도쿠 퍼즐을 처음 개발하여 'Number Place'라는 이름으로 〈델〉이라는 잡지에 소개해 큰 인기를 끌었다.

두뇌의 가소성

최근 신경학이나 인지과학 분야에서 쏟아지는 연구 결과에서 퍼즐이 정신 발달을 돕는다는 사실이 계속해서 밝혀지고 있다.

사람의 뇌는 살아 있는 동안 끊임없이 스스로를 키우고 변화시키고 구조를 잡아 나간다. 이렇게 평생 변화하는 신체 조직은 뇌가 유일하다. 그동안 우리는 유아기에 이미 두뇌가 완전히 형성된다고 믿었지만 실제 사람의 두뇌는 끊임없이 활동하면서 새롭게 모양을 바꾸어 나간다. 게다가 뇌는 물리적인 손상에 적절히 대처할 수 있고 익숙한 환경과 절차를 더욱 잘 처리하도록 효율적으로 구조를 바꾸기도 한다. 뇌의 이러한 놀라운 유연성을 '가소성'이라고 한다.

가소성의 가장 중요한 의미는 정신 능력과 인지 능력을 강화하는 시기가 따로 정해져 있지 않다는 점에 있다. 몸 근육을 키우는 것처럼 뇌도 운동을 통해 그 기능을 강화할 수 있으며 이로써 기억력이 향상되고 두뇌 건강도 좋아진다. 특히 유아기는 두뇌 발달에 큰 영향을 미친다. 지능 발달에 필수적인 신경 회로인 시냅스뇌를 구성하는 연결 부위의 양은 어른의 뇌보다 유아기 때 뇌가

2배 가까이 많다. 이는 우리가 경험을 통해 배우고 그러한 경험이 뇌 구조에 공간을 형성한다는 사실을 알려 준다. 태어나서 36개월까지는 뇌 발달에 특히 중요하다. 이 시기 뇌는 그 사람이 평생 갖추게 될 지능, 성격, 사회화의 기본 패턴을 형성하기 때문이다. 또한 청소년기부터 두뇌를 활발하게 움직인 사람은 성인기에 학습 능력이나 노년기 두뇌 건강에서도 좋은 성과를 보인다. 특히 뇌를 많이 쓰는 직장인에게 이러한 두뇌 건강은 중요하다.

하지만 더 중요한 사실은 25세인 사람의 뇌와 75세인 사람의 뇌 사이에 별다른 차이가 없다는 것이다. 나이가 들수록 우리 뇌는 자신의 생활 방식에 맞춰 최적화된다. 예전에 거의 사용한 적이 없는 연결 작용이라 해도 구체적으로 사용해야 할 일이 생기면 두뇌는 시냅스의 효율성을 높여 새로운 변화에 순응한다. 우리 몸이 잘 쓰지 않는 근육을 제거해서 필수 에너지를 효과적으로 사용하는 것처럼, 우리 두뇌 역시 잘 활용하지 않는 기능을 서서히 없애 버린다. 신체 운동을 통해 근육을 강화하듯이 정신 운동을 통해 뇌 건강을 강화할 수 있다.

퍼즐과 뇌의 성장

나이가 먹을수록 기억력이 심하게 떨어지는 이유는 두뇌 훈련을 충분히 하지 않았기 때문이라고 한다. 특히 심각한 기억력 감퇴 증상은 주로 뇌세포가 손상되어 일어나는 알츠하이머병을 앓은 사람에게서 나타난다.

놀라운 사실은 강도 높은 두뇌 훈련으로 알츠하이머병으로 파괴된 두뇌 조직까지 자극하여 손상된 뇌세포를 복원해 준다는 점이다. 특별한 조직 손상이 없어도 기억력이 감퇴하는 경우가 있는데 이는 뇌를 자주 사용하지 않기 때문이다. 뇌세포 주변을 감싸는 거대한 보호막이 나이가 들면 없어진다는 오래된 가설은 사실이 아니다. 오히려 나이를 먹을수록 지적 운동을 강화하면 기억력을 향상시킬 수 있다.

세계 각지에서 행해지는 연구를 통해 두뇌가 명석한 노인들의 공통점이 밝혀지고 있다. 이들은 대개 평균 수준 이상의 교육을 받았으며, 열린 자세로 변화를 받아들였고, 개인적 성취에 만족할 줄 알았다. 또한 부지런히 운동을 하고, 똑똑한 배우자와 살며, 삶에 대한 의욕이 넘친다. 그밖에 독서, 사교 활동, 여행 등을 즐기고 꾸준히 퍼즐을 푸는 습관이 있었다. 하지만 이와 같은 공통점만 갖춘다고 해서 두뇌 활동에 도움이 되는 것은 아니다. 지능 향상에 도움이 되는 여가 활동은 '적극적인 지적 활동'이다. 이를테면, 두뇌를 자극하는 직소, 크로스워드와 같은 다양한 퍼즐이나 체스, 독서 같은 것들이다. 특히 독서의 경우, 줄거리를 제대로 이해하려면 상상력과 집중력을 발휘하여야 하기 때문에 두뇌 운동에 매우 효과적이다. 반면 '소극적인 지적 활동'은 두뇌 기능을 떨어뜨린다. 두뇌 능력을 가장 떨어뜨리는 해로운 여가 활동이 텔레비전 시청이다. 특정한 멜로디가 반복되는 음악을 계속해서 듣거나 별 내용 없는 수준 낮은 잡지를 읽거나 전화기를 붙들고 수다를 떠는 일은 그다지 집중할 필요가 없는 활동이다. 이런 활동은 뇌를 노화시킨다. 뇌에 도움이 되는 상호작용은 무엇보다 서로 직접 만나서 얼굴을 보고 이야기하는 것이다.

컬럼비아대학 연구

뉴욕 컬럼비아대학의 연구팀은 맨해튼 북부 지역에 거주하는 직장에서 은퇴한 사람들 1,750명을 7년 동안 추적 관찰하는 연구를 실시했다. 피실험자들은 두뇌의 정신적·신체적 상태를 점검하기 위해 주기적으로 건강 검진과 심리 상담을 했으며 자신의 일과를 구체적으로 보고했다. 피실험자들의 각기 다른 교육 수준과 직업 성취도를 고려하지 않은 채 실험한 결과, 사람들의 여가 활동이 치매 발병 위험을 크게 낮추는 것으로 나타났다.

이 연구를 진행한 야콥 스턴 박사는 "피실험자의 인종, 교육 수준, 직업 등 다양한 요인을 고려했을 때에도 활발한 여가 활동을 즐기는 사람들이 치매가 발병할 위험이 38% 가량 낮게 나타났다."라고 말한다. 여가 활동은 신체·사회·지적 활동 이렇게 세 가지 분야로 나누어 실험했다. 분야마다 여과 활동은 저마다 효과가 있었지만 그중에서도 지적 활동이 치매에 걸릴 위험을 낮추는 데 가장 큰 영향을 미쳤다. 스턴 박사는 여가 활동이 치매 위험을 크게 줄이는 것은 물론이고 알츠하이머병으로 인한 신체적 손상도 막아 준다고 말하며 다음과 같이 덧붙였다.

"우리 연구는 임상적인 증상이 분명하게 드러나기 전부터 사람들은 이미 뇌에서 진행 중인 알츠하이머병에 대처하는 일종의 기술 또는 요령을 다양한 경험을 통해 익힌다는 사실을 보여 준다. 매일같이 지적, 사회적 활동을 하다 보면 인지 능력이 감퇴하는 충격을 완화할 수 있다."

명석한 두뇌 지키기

스턴 박사의 연구 결과를 뒷받침하는 또 다른 연구가 있다. 시카고에 위치한 급성 알츠하이머연구소의 데이빗 버넷 박사는 지능이 뛰어난 사람들을 대상으로 두뇌 상태를 매년 점검하였으며, 이들이 죽고 난 뒤 부검을 통해 알츠하이머병 증상이 있었는지 조사했다. 그 결과, 죽을 당시 심각한 정신 질환을 앓은 사람은 한 명도 없었는데 이는 모든 피실험자들이 정신적, 사회적, 신체적으로 활발하게 활동했기 때문이었다. 그런데 피실험자들 중 3분의 1이 조금 넘는 이들이 알츠하이머병으로 진단할 수 있을 정도로 뇌가 손상된 상태였고, 뇌세포 손상이 매우 심각한 경우도 있었다. 뇌에 손상이 있었던 사람들은 인지력과 논리력 테스트에서 다른 피실험자들과 동일한 점수를 얻었지만 과거 특정 상황과 관련한 기억을 떠올리는 테스트에서는 상대적으로 낮은 점수가 나왔다. 또한 노트르담수도회의 수녀들을 대상으로 이와 비슷한 연구를 했다. 평균 수명이 85살을 자랑하는 노트르담수도회에서 치매를 앓는 사람이 한 명도 없다는 연구 결과가 나오면서 사람들이 관심을 갖기 시작했다. 이런 놀라운 결과가 나올 수 있었던 이유는 게으름과 우둔함을 경계하고 활발한 정신 활동을 위해 꾸준히 노력하는 수녀들의 생활 방식 때문이었다. 수도회 수녀들은 퍼즐을 풀거나 흥미진진한 게임을 즐겼고 글을 쓰거나 시사와 관련한 세미나를 열거나 지방 자치에 참여하기도 했으며, 하다못해 뜨개질이라도 했다. 수녀들은 무슨 일이든 적극적으로 참여했다. 주목할 만한 점은 알츠하이머병으로 인한 신체적 손상이 나타난 수녀들은 있었지만 지금까지 알츠하이머병과 관련된 정신적 손상은 90세가 넘은 수녀에게서조차 발견되지 않았다는 사실이다.

뇌의 회복

　정신 활동의 중요성을 강조하는 연구는 이 밖에도 많이 있다. 뉴사우스웨일즈대학 정신의학센터의 마이클 발렌수엘라 박사가 이끄는 연구팀은 전 세계 3만 명을 대상으로 추적 조사를 실시했다. 조사 결과, 교육과 직업이 두뇌 건강과 상관관계를 보였으며, 이와 마찬가지로 하루를 대부분 두뇌를 자극하는 운동에 할애하는 사람들은 치매 발명 위험률이 46% 가까이 낮았다. 나이를 먹으면서 뒤늦게 정신에 자극을 주는 활동을 하는 사람도 이와 비슷한 수치가 나타났다.

퍼즐을 푸는 기술

퍼즐 풀기는 과학이라기보다는 기술에 가깝다. 퍼즐을 맞추려면 유연한 정신력, 문제 속에 숨은 원칙이나 확률을 간파할 수 있는 이해력, 직관력까지 동원해야 하기 때문이다. 크로스워드를 제대로 풀기 위해 우선 퍼즐을 만든 사람의 의도나 스타일을 잘 파악해야 한다. 다른 퍼즐도 마찬가지다. 이 책에 실린 다양한 퍼즐을 잘 풀고 싶다면 무엇보다도 출제자의 의도를 제대로 짚어 내야 한다.

연속성 퍼즐

연속성 퍼즐은 연속된 요소들 사이에 숨겨진 규칙을 찾아내어 빠진 숫자나 기호, 패턴을 채워 넣는 퍼즐이다. 빈 칸에 들어갈 값 또는 항목을 채우거나 주어진 모형을 완성할 수 있는 알맞은 그림을 찾으면 된다. 문제에서 예시를 충분히 제시하기 때문에 연속성의 기본 원리를 파악하는 일은 그다지 어렵지 않다. 또한 이 원리만 알아내면 빈 칸에 들어갈 값은 금방 찾을 수 있다. 다음과 같은 퍼즐이 가장 쉬운 예이다.

1-2-4-8-16-?

앞에 제시한 숫자들을 보면 바로 앞에 나온 숫자에다 2를 곱한다는 원리를 찾을 수 있다. 이 원리에 따라서 물음표에 들어갈 숫자는 16의 2배인 32가 된다. 적당히 즐기면서 풀 수 있는 퍼즐은 이처럼 사람들이 쉽게 떠올릴 수 있는 한계에서 크게 벗어나지 않는다.

하지만 실제 퍼즐에서는 다소 복잡한 수학 공식을 적용하는 문제가 많기 때문에 어려울 수도 있다. 위의 퍼즐처럼 풀리지 않는다면 우선 앞뒤로 나열된 숫자들이 서로 어떻게 다른지 계산하고 그 차이들의 연속성을 찾아보는 것도 좋은 방법이다.

이보다 한 단계 더 어려운 퍼즐은 숫자를 자리별로 따지는 것이다. 다음과 같은 퍼즐을 예로 들 수 있다.

921-642-383-164-?

이 퍼즐의 경우, 각각의 자리마다 연속성의 원리가 다르게 적용된다. 즉, 9-6-3-0, 2-4-8-16, 1-2-3-4라는 세 가지 규칙이 한꺼번에 적용되고 있다. 따라서 물음표에 들어갈 숫자는 3325가 된다.

이와 달리 숫자 대신에 시계가 등장하는 퍼즐도 있다. 이때에는 시계에 표시된 숫자를 시간으로 읽을 것인지, 숫자 그대로 읽을 것인지, 아예 별개의 연속성을 지닌 숫자로 받아들여야 할 것인지 고민해야 한다. 더 나아가 시간을 분 단위로 모두 변환하고 이 숫자들의 연속성을 찾아야 하는 경우도 있다.

11:14

예컨대 이 숫자가 퍼즐에 나왔다면, 시계를 볼 때처럼 11시 14분이나 23시 14분으로 읽을 수 있다. 이 숫자는 단순히 숫자 11과 14, 또는 23과 14를 의미할 수도 있고, 1114 또는 2314를 의미할 수도 있다. 또는 한 시간은

60분이므로 11시간은 660분이 되고 거기에 14분을 더하면 총 674분이 되기 때문에 674라는 숫자를 의미할 수도 있다.

이와 같은 연속성 퍼즐을 풀려면 나열된 숫자가 공통적으로 따르고 있는 원리를 다양한 각도에서 접근하여 찾아내야 한다. 하지만 지나치게 벗어난 방식으로 숫자를 읽도록 요구하는 퍼즐은 바람직하지 않다. 이를 테면 실마리도 전혀 주지 않은 상태에서 11:14라는 숫자를 11개월 14일로 읽어야 한다거나, 14를 밑수로 하는 11의 로그함수로 읽어야 한다거나, 또는 문제에 나오지 않는 초 단위까지 계산하여 11시간 14분 00초로 읽어야 한다면 이러한 연속성의 원리를 찾아낼 사람은 별로 없을 것이다.

알파벳이 나오는 퍼즐은 그 자체로도 구체적인 문자의 나열이 될 수도 있고 숫자를 대신한 기호일 수도 있다. 알파벳이 의미하는 바를 알아내기만 하면 정답은 쉽게 찾을 수 있다.

D-N-O-?

위와 같은 퍼즐이 있을 때 처음에는 막연해 보이겠지만 일단 열두 달에 해당하는 영어 단어를 거꾸로 놓았다는 것(December-November-October)을 알 수 있다. 따라서 다음에 나올 알파벳은 S(September)라는 것을 알 수 있다.

바둑판처럼 그림이 나열된 퍼즐은 예측 가능한 연속성의 원리가 항상 존재한다. 특히 순서대로 이어지는 그림을 유심히 살펴보면 연속성을 찾을 수 있다. 숫자 퍼즐과 마찬가지로 간단한 그림 퍼즐에서 반복해서 나타나는 무늬가 쉽게 눈에 띈다. 난이도가 높아질수록 나열된 그림이 많아지고, 또한 연속성의 원리를 파악하기 힘들어진다. 특히 그림 나열 퍼즐은 정사각형 오른쪽 아래에서 출발하여 나선 모양으로 이어지거나, 지그재그로 올라가거나, 때로는 대각선 방향으로 움직이면서 그림이 연결된다. 이런 패턴을 알면 그림 퍼즐은 어렵지 않게 풀 수 있다.

이러한 연속성 원리를 응용한 또 하나의 문제 유형으로 다른 것들과 공통점이 없는 것을 찾아내는 퍼즐이 있다. 숫자, 알파벳, 그림의 나열 중에서 연속성을 띄지 않는 요소 하나를 찾아내는 것이다. 이러한 골라내기 퍼즐 또한 앞에서 본 연속성 퍼즐과 마찬가지로 아주 쉬운 문제부터 정답을 찾기가 거의 불가능해 보일 만큼 어려운 문제까지 난이도가 다양하다. 예를 들어 2-4-6-7-8에서 나머지와 다른 숫자 하나를 골라내는 퍼즐은 매우 쉽게 답을 찾을 수 있다(7만 2의 배수가 아니다). 하지만 다음 문제를 보자.

B-F-H-N-O

이 알파벳이 화학 원소 주기율표의 둘째 줄이라는 사실을 모르는 사람이라면 정답을 알아내기 어려울 것이다. 여기서 정답은 H다(H, 즉 수소는 원소 주기율표의 첫째 줄에 있다). 하지만 대부분 골라내기 퍼즐은 다른 연속성 퍼즐과 마찬가지로 문제 속에 충분한 힌트가 들어가 있다. 특히 퍼즐 제목이나 질문으로 그러한 암시를 한다. 예컨대 위의 퍼즐에서는 '원소 퍼즐'이라는 제목을 제시함으로써 정답을 찾는 열쇠를 제공한다.

방정식 퍼즐

　방정식 퍼즐은 연속성 퍼즐과 거의 비슷하지만 그 풀이 방법에서 약간 차이가 난다. 대개 방정식 퍼즐은 하나 또는 둘 이상의 미지수가 들어 있는 수리적 계산 형태로 되어 있다. $2x+3y=9$와 같이 전형적인 방정식 모형을 제시하거나, 모루 두 개와 철근 세 개를 올린 접시와 말편자 아홉 개를 올린 접시가 서로 균형을 이루는 대칭 저울 그림을 제시하는 때도 있다. x, y, 모루, 철근으로 표현된 미지수를 정확하게 구하기 위해서 방정식 또는 주어진 값에 대한 관계식을 알아야 한다.

　하지만 주어진 정보가 충분하지 않을 경우 정답을 하나만 고를 수 없는 상황도 있다. 예컨대 위의 방정식 $2x+3y=9$에서는 미지수가 두 개가 등장하는데 미지수를 채울 숫자는 여러 개가 가능하다. x는 3, y는 1이 될 수도 있고 x는 1.5, y는 2가 될 수도 있다. $(2\times3)+(3\times1)=9$, 또는 $(2\times1.5)+(3\times2)=9$ 이런 식으로 계속 찾다 보면 정답이 될 수 있는 숫자가 끝없이 나온다.

　따라서 방정식 퍼즐을 풀 때에는 문제에 주어진 모든 방정식을 함께 고려해서 풀어야 한다. $2x+3y=9$가 $x+2y=7$이라는 방정식과 함께 나온다면 이제 방정식을 정확하게 풀 수 있다. 방정식 풀이의 핵심은 미지수의 개수를 점점 줄여 나가는 과정이므로 하나의 미지수를 푼 다음, 차례대로 나머지 다른 미지수를 알아내야 한다. $2x+3y=9$와 $x+2y=7$을 풀려면 먼저 미지수 x와 y의 관계부터 파악해야 한다. x와 y의 상관관계를 찾아내어 방정식의 x자리에 그에 해당하는 y 값을 넣으면 찾아야 할 미지수가 y 하나로 줄어든다.

　글로 설명하는 것이 복잡해 보일지 모르지만 실제로 이렇게 방정식을 차례대로 풀어 나가다 보면 계산 과정은 그리 복잡하지 않다. 실제 방정식을 푸는 과정을 자세히 살펴보자.

우선 방정식은 양 변에 똑같은 변화를 주어도 그 값은 그대로 유지된다.

$2+2=4$

위 식에 양 변에 1을 각각 더해도 방정식은 여전히 성립한다.

$2+2+1=4+1$

이러한 방법을 x와 y의 방정식에도 적용해 보자.

$x+2y-2y=7-2y$

여기서 좌변의 $2y-2y=0$이 되고 결국 $x=7-2y$만 남는다. x는 곧 $7-2y$와 같다는 뜻이다. 이 값을 다른 방정식 $2x+3y=9$에 대입하자.

$\{2x+3y=9\}=\{2\times(7-2y)+3y=9\}$

여기서 2x란 x의 2배값이라는 뜻이므로 $7-2y$에 2를 곱해야 한다.

$(2\times7)-(2\times2y)+3y=9$

이를 계산하면,

$14-4y+3y+9$

이 방정식을 한 변에는 y값만, 다른 변에는 숫자만 남도록 식을 정리한다.

여기서도 역시 양 변에 똑같은 변화를 주는 방법을 사용한다.

$14-4y+3y-14=9-14$

$-4y+3y=-5$

$-4y+3y=-1y$이므로

$-1y=-5$ 따라서

$y=5$가 된다.

y가 5라는 사실을 알았으니 이제 다시 첫 번째 방정식 $x+2y=7$로 돌아가 y자리에 5를 넣는다.

$x+(2\times5)=7$

$x+10=7$

$x+10-10=7-10$

$x=7-10$

결국 $x=-3$이라는 것을 알 수 있다.

끝으로 이렇게 찾아낸 숫자를 방정식의 x, y자리에 넣어 x와 y값이 제대로 맞는지 확인해 본다.

$2x+3y=9$

$(2\times-3)+(3\times5)=9$

$-6+15=9$

$9=9$

$$x+2y=7$$
$$-3+(2\times5)=7$$
$$-3+10=7$$
$$7=7$$

결국 방정식을 제대로 풀어 정답을 찾은 것이다. 이처럼 방정식 퍼즐은 정답을 찾는데 필요한 정보가 문제 속에 충분히 주어진다. 미지수가 두 개 이상 있을 경우, 하나의 미지수를 나머지 다른 미지수의 값으로 바꾼 다음 또 다른 방정식의 미지수 자리에 그 값을 대입하여 풀어야 한다. 어떤 한 미지수에 해당하는 숫자를 찾아낼 때까지 이 과정을 반복한다.

이런 점에서 방정식 퍼즐은 고대에 나무로 만든 하노이의 탑 퍼즐을 숫자로 바꿔 놓은 것이라고 할 수 있다. 방정식 퍼즐을 푸는 마지막 비결을 공개하자면, 미지수 하나에 방정식도 하나가 있어야 한다는 것이다. 어떤 변수가 방정식에 나타나지 않는다면 결국 그 미지수는 방정식의 한 변 또는 양 변에서 0의 값을 취한다고 가정하면 된다. 이를테면, $4y+2z=8$은 곧 $0x+4y+2z=8$과 같다.

자, 이제 재미있는 퍼즐 속으로 빠져 보자!

퍼즐로 내 두뇌의 한계에 도전하라

퍼즐을 푸는 기술

초급 퍼즐 ································· 25

Easy Puzzles 초급 퍼즐

퍼즐을 푸는 일은 즐겁다. 이 책은 그 즐거움을 만끽하기 위한 준비 단계다. 여기에서 소개하는 퍼즐의 유형이 앞으로 이 시리즈 전체에서 반복될 것이다. 약간의 고민이 필요하지만 대단히 어렵지는 않은 문제들이다. 해답은 아주 간단하고 대부분 눈에 금방 들어올 것이다.

하지만 너무 자만하지 않길 바란다. 지금은 앞으로 풀게 될 어려운 문제에 대비한 워밍업 과정이자 퍼즐의 원리에 익숙해지는 단계이기 때문이다. 퍼즐 작가의 출제 방식에 대한 감을 잡고, 다양하게 변형된 유형의 퍼즐을 통해 착실하게 기초를 쌓아 나가게 될 것이다.

퍼즐 초보자라면 먼저 이 책 전체를 다 풀어 본 뒤에 다음 책으로 넘어가는 것이 좋다. 다 풀고 나면 스스로를 칭찬해 준 뒤 그 성과를 바탕으로 더 까다로운 문제에 도전해 보자. 퍼즐에 익숙한 독자라면 이 책을 일종의 준비 운동 단계로 활용하여 매일 퍼즐을 풀기 전에 여기 실린 문제를 몇 개씩 풀면서 뇌를 깨우는 것도 좋은 방법이다.

어떤 식으로 접근하든 중요한 것은 한 가지다. 퍼즐을 즐겨라!

다음의 삼각형 그룹 중
다른 그룹과 종류가 다른 것은?

A

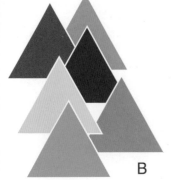

B

C

D

E

퍼즐 2

다음의 주사위 중 이 전개도로
만들 수 없는 것은?

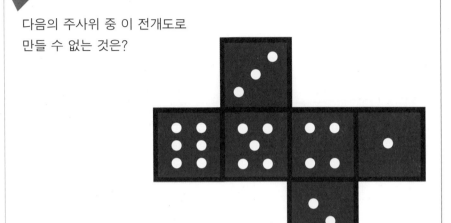

A   B

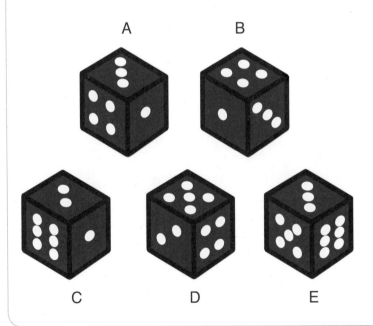

C   D   E

다음 그림은 정해진 원칙에 따라 숫자를 배열한 것이다.
그 원칙에 맞추어 물음표에 들어갈 숫자를 적어라.

삼각형 D의 물음표 부분에
들어가야 할 숫자는?

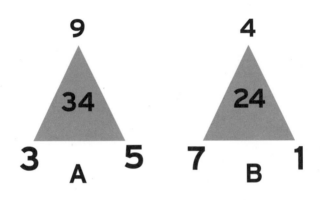

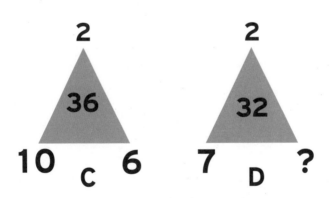

다음의 도형은 특정한 규칙에 따라 그려졌다.
물음표 부분에 들어가야 할 숫자는?

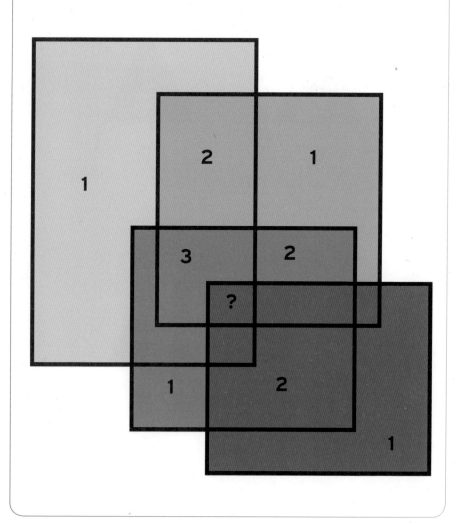

다음 네모 조각들을 잘 끼워 맞추어 하나의 정사각형을 만들어 보자. 단, 정사각형의 가로 첫째 줄 합과 세로 첫째 줄 합이 같고, 가로 둘째 줄 합은 세로 둘째 줄 합과 같아야 한다. 같은 방법으로 가로 세로에 해당하는 줄의 합이 일치하도록 정사각형을 완성하라.

각 삼각형에 적힌 숫자들의 연관성을 잘 생각하고
물음표에 들어갈 숫자를 적어라.

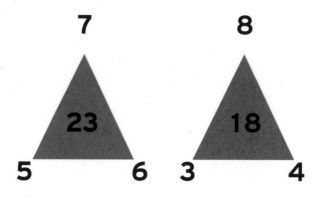

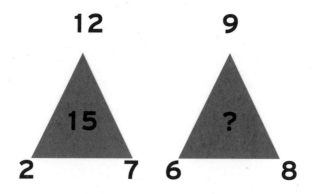

다른 공들과 어울리지 않는 공
하나를 골라라.

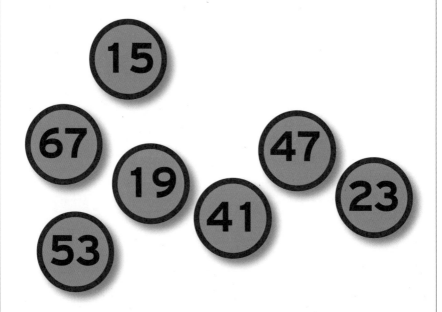

4번의 시계가 가리키는 시간은
몇 시 몇 분일까?

세 개의 저울은 모두 균형을 이루고 있다.
마지막 저울의 물음표에 들어갈 기호는 무엇인가?

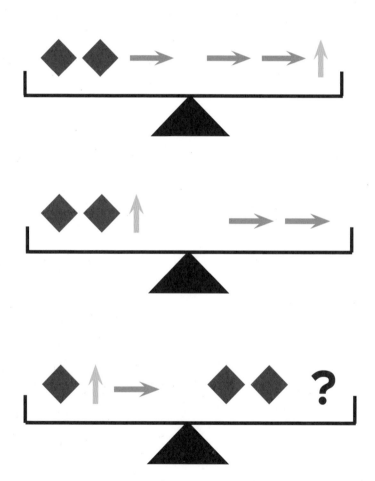

A와 B의 관계는 C와 ( )의 관계와 같다. D~G 중 무엇인가?

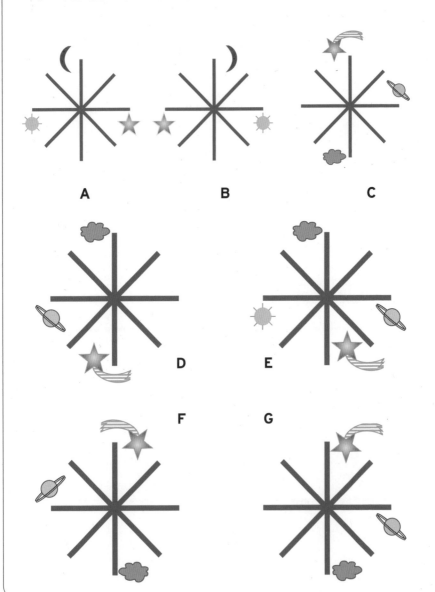

각 표정에 나타난 눈 코 입을 잘 살펴보고 나머지 표정과
공통점이 없는 그림을 하나 찾아라.

A

B

C

D

E

수리

각 정사각형에 적힌 숫자들의 연관성을 잘 생각하고
물음표에 들어갈 숫자를 적어라.

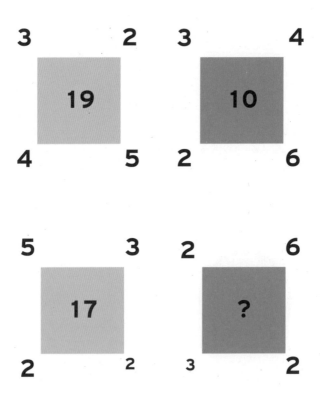

다음은 알파벳 순서대로 정해진 규칙에 따라 이어진 그림이다.
이 규칙대로 배열을 완성할 경우 F 뒤에 이어질 그림은
다음 G, H, I 중 어떤 것인가?

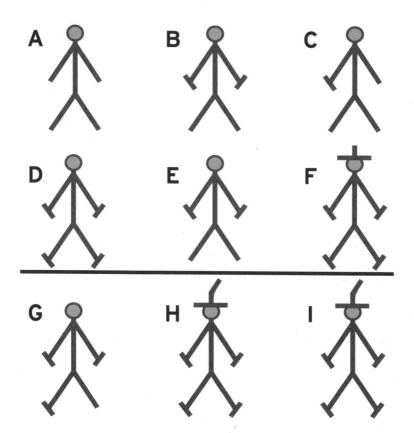

이 시계들은 특정한 규칙에 따라 움직인다. 마지막 시계의 시간을 맞혀라.

정해진 규칙에 따라 별을 색칠했다.
연관성이 없는 삼각형은?

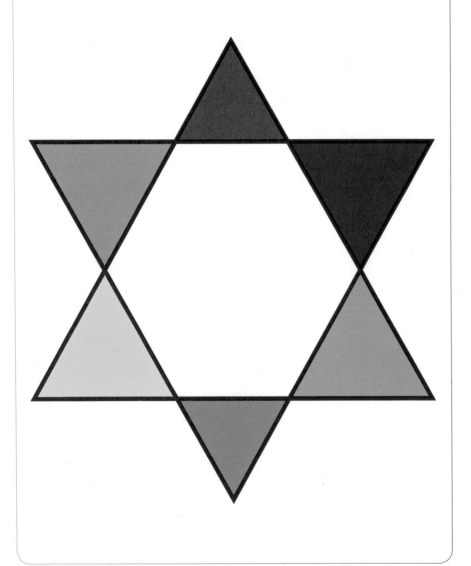

패턴

다음 네모는 왼쪽 위에서부터 일정한 순서를 반복하면서 기호를 채워 나간 것이다. 그 순서를 잘 파악하고 빈 칸에 알맞은 기호를 넣어라.

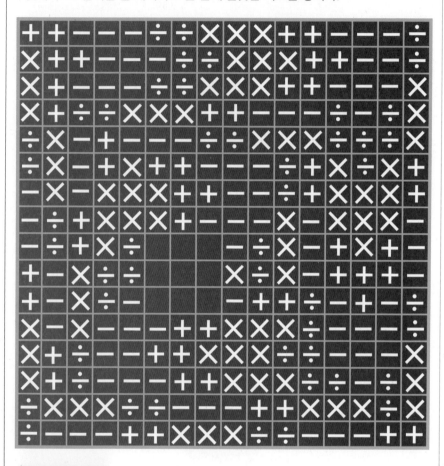

각 정육면체의 면을 잘 살펴보고
똑같은 숫자가 있는 면 두 개를 찾아라.

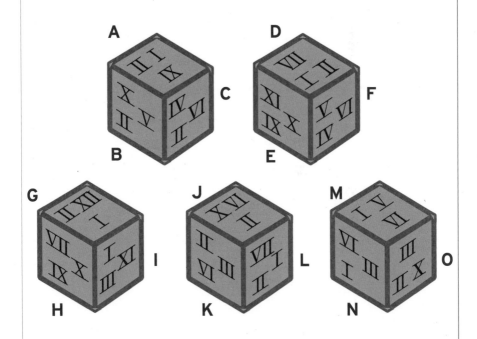

추론

이 사각형 안의 각 기호들은 특정한 수를 나타낸다.
물음표 부분에 들어갈 숫자는?

	24	63	24	21	
	✱	✱	✱	✓	33
	✓	O	✓	‡	?
	‡	O	‡	‡	33
	✓	✓	✓	✱	27

다음 정육면체를 잘 살펴보고 똑같은 알파벳이 그려진
면 두 개를 찾아라.

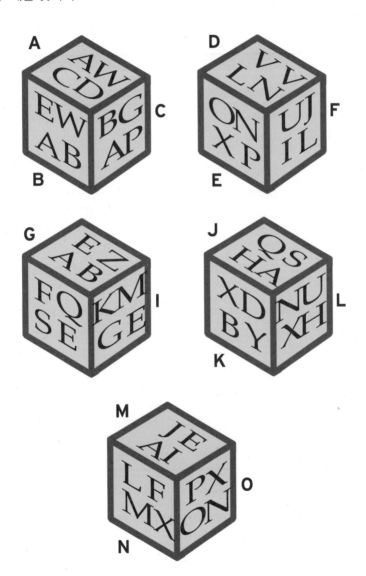

다음 네모는 아래에 적힌 유명 작가 18명의 이름이 들어 있다. 알파벳 나열 순서는 위에서 아래로, 아래에서 위로, 가로 또는 세로, 대각선 방향까지 모두 가능하다. 18명의 이름을 모두 찾아내어 각 이름에 해당하는 알파벳의 테두리를 쳐라.

C	W	C	O	A	L	M	K	W	O	E	A	C	K	L	G	O	Z	A	N
L	H	E	M	I	N	G	W	A	Y	N	E	I	Y	L	M	O	X	A	E
L	E	E	C	M	O	X	K	W	A	X	F	E	X	A	N	B	K	O	S
C	F	A	K	K	E	N	Z	A	E	X	L	A	E	B	L	P	E	F	B
A	Y	E	L	H	M	Z	N	O	E	X	I	A	I	F	H	R	K	L	I
M	O	Q	V	T	O	A	T	E	U	I	W	E	H	T	E	O	G	M	O
A	T	K	V	L	A	V	C	H	A	E	M	N	O	L	E	U	A	B	C
F	S	I	A	T	A	M	Q	L	S	D	I	C	K	E	N	S	S	T	A
A	L	S	T	V	E	M	W	M	N	O	E	I	A	C	H	T	A	C	T
F	O	O	X	W	A	B	E	A	L	L	E	I	T	A	W	W	A	C	G
G	T	O	X	A	E	A	K	F	A	K	I	L	A	A	S	T	A	W	N
O	N	F	B	C	H	J	K	W	L	L	T	J	I	I	E	X	G	H	I
E	N	O	L	F	M	G	O	Z	X	A	Y	N	A	E	B	E	C	W	L
R	V	O	L	F	I	G	A	E	Z	I	U	I	E	J	C	C	K	T	P
E	W	U	V	E	C	U	O	P	T	E	G	B	P	N	H	T	S	E	I
C	S	E	W	X	H	L	H	J	A	L	E	C	E	K	L	T	U	Z	K
U	A	T	A	E	E	C	K	U	W	P	Q	R	A	R	A	E	P	A	Z
A	U	S	T	E	N	X	A	T	A	Q	W	A	L	E	T	A	W	V	E
H	A	P	E	X	E	A	B	C	B	A	C	A	E	W	W	E	X	L	E
C	C	W	A	O	R	W	E	L	L	K	M	N	O	P	P	E	L	T	U

Austen(오스틴)
Chaucer(초서)
Chekhov(체호프)
Dickens(디킨스)
Flaubert(플로베르)
Goethe(괴테)

Hemingway(헤밍웨이)
Huxley(헉슬리)
Ibsen(입센)
Kafka(카프카)
Kipling(키플링)
Lawrence(로렌스)

Michener(미치너)
Orwell(오웰)
Proust(프루스트)
Tolstoy(톨스토이)
Twain(트웨인)
Zola(졸라)

다음 네모 조각들을 잘 끼워 맞추어 하나의 정사각형을 만들어라. 단, 정사각형의 가로 첫째 줄 합과 세로 첫째 줄 합이 같고, 가로 둘째 줄 합은 세로 둘째 줄 합과 같아야 한다. 같은 방법으로 가로 세로에 해당하는 줄의 합이 일치하도록 정사각형을 완성하라.

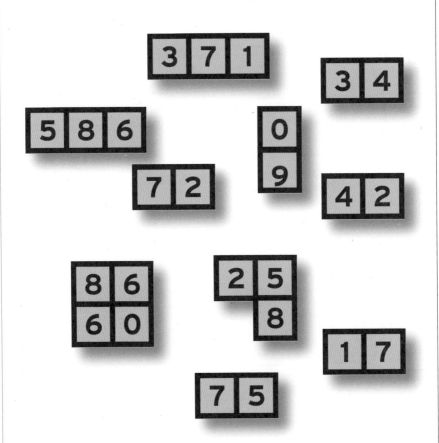

각 시곗바늘이 가리키는 숫자를 잘 살펴보고
4번 시계에 나타날 시간을 적어 보자.

패턴

다음 네모 안에 들어간 무늬들은 정해진 원칙에 따라 순서대로 그린 것이
다. 그 원칙에 맞지 않는 무늬 하나를 선택하라.

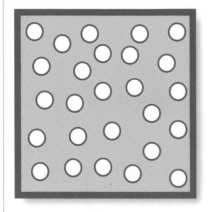

A

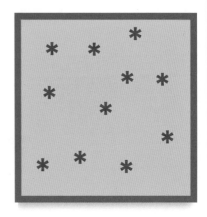

B

C

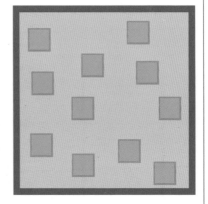

D

아래 사각형 안의 기호들은 특정한 수를 나타낸다.
물음표 부분에 들어갈 숫자는?

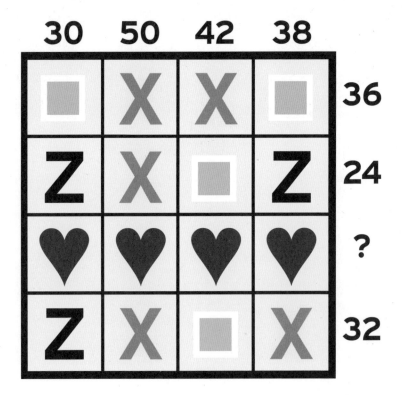

추론

각 알파벳에 뒤따르는 그림의 색깔과 배열 순서를 잘 살펴보고 공통점이 없는 알파벳을 선택하라.

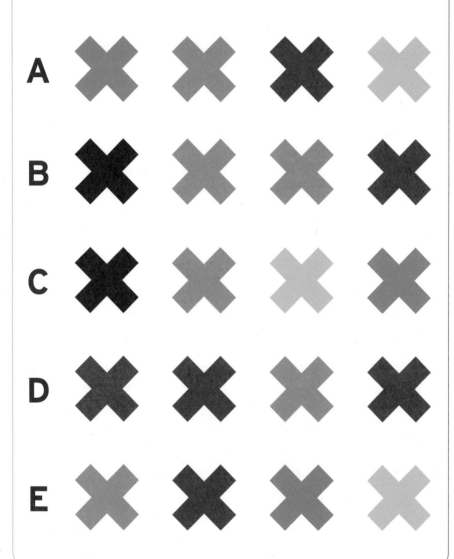

각 그림 속에서 서로 마주보는 숫자를 잘 살펴보고
물음표에 들어갈 숫자를 적어라.

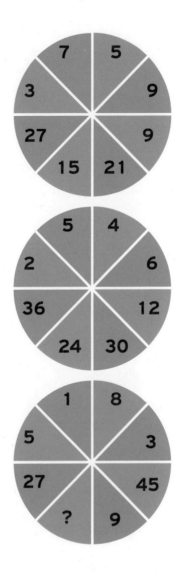

각 삼각형에 나타난 원은 일정한 순서대로 바뀌고 있다. 그 순서를 잘 파악하고 마지막 삼각형 물음표에 들어갈 원을 그려 넣어라.

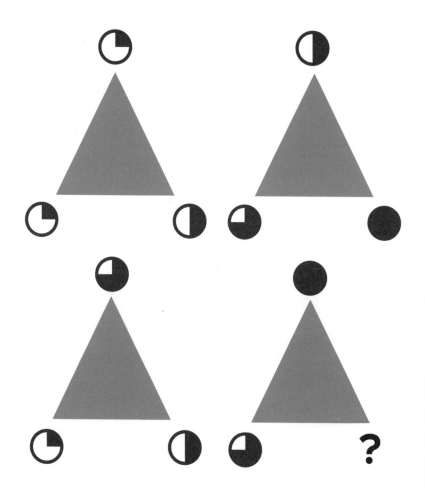

이 평면도로
만들 수 없는 주사위는 어떤 것인가?

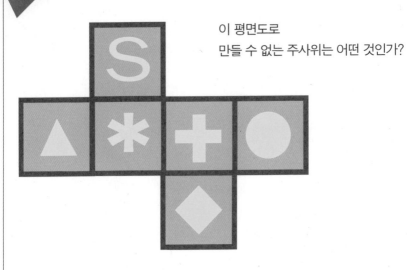

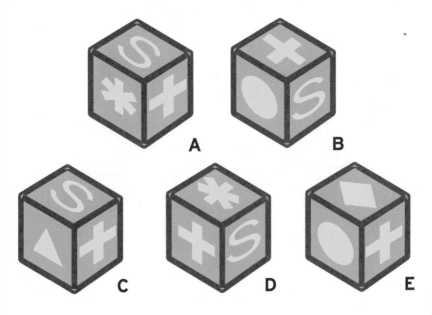

퍼즐 30

첫 번째와 두 번째 저울은 평형을 이루고 있다. 세 번째 저울이 평형을 이루려면 물음표 부분에 어떤 그림 몇 개가 들어가야 할까?

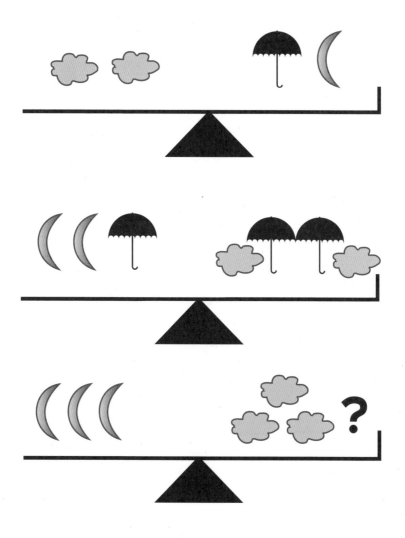

다음 그림을 잘 살펴보고 나머지 그림과
공통점이 없는 그림을 선택하라.

A

B

C

D

E

F

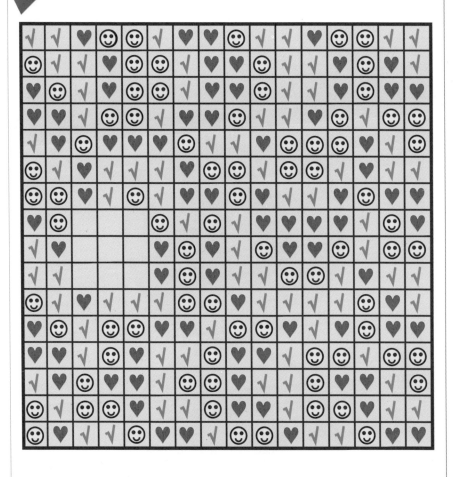

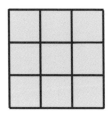

다음 네모는 오른쪽 위에서부터 일정한 순서를 반복하면서 기호를 채워 나간 것이다. 그 순서를 잘 파악하고 빈 칸에 알맞은 기호를 넣어라.

다음 두 원에 적힌 숫자들의 계산 결과가 똑같도록 4개의 물음표에
수학 부호를 넣어라. 단, 계산 결과는 1보다 커야 한다.

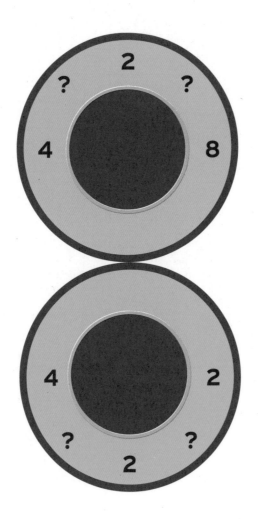

이 사각형 안의 각 기호들은 특정한 수를 나타낸다.
물음표 부분에 들어갈 숫자를 적어라.

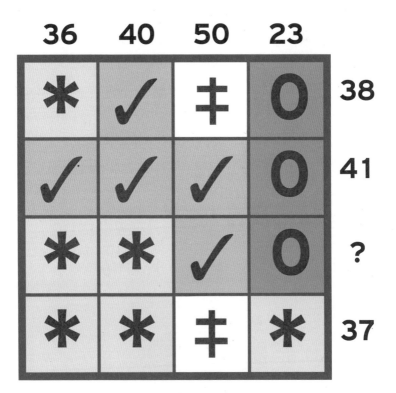

각 정육면체의 면을 잘 살펴보고 똑같은 숫자가 있는 면 두 개를 찾아라.

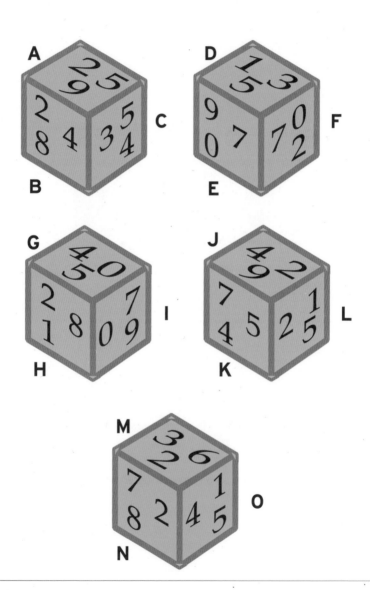

수리

다음 다이아몬드의 숫자 17부터 시계 방향으로 움직여 가운데 숫자인 9가 나오도록 물음표에 수학 부호를 넣어라.

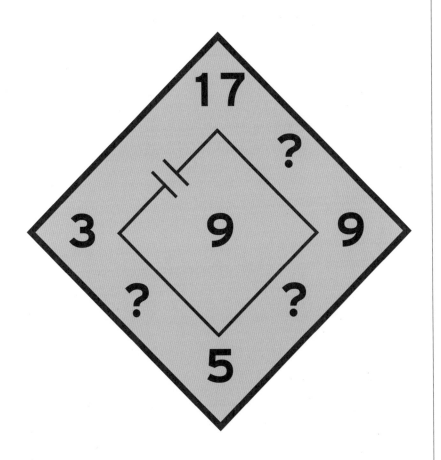

각 정사각형에 적힌 숫자들의 연관성을 잘 생각해 보고 마지막 정사각형 물음표
에 들어갈 숫자를 적어라.

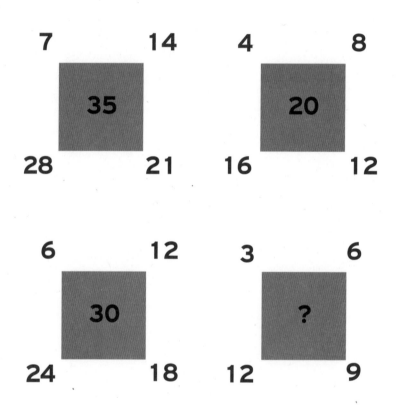

패턴

다음 얼굴 그림은 일정한 순서에 따라 변하고 있다. 그 순서를 잘 파악하고 뒤따라올 얼굴 그림을 선택하라.

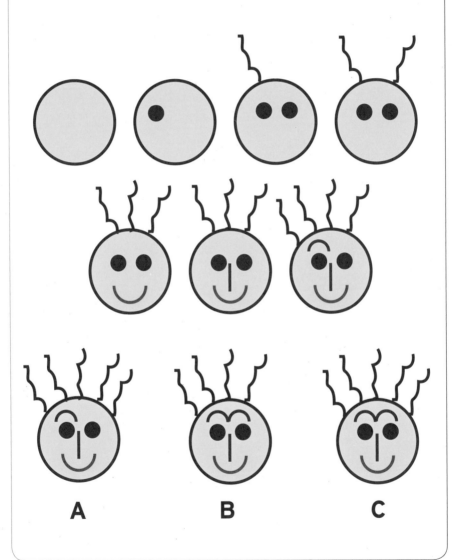

세 개의 저울은 모두 균형을 이루고 있다. 마지막 저울의 물음표에 해가 몇 개 있어야 저울이 평형을 이룰까?

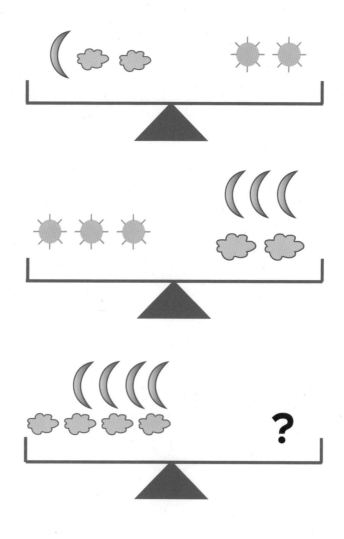

각 정육면체의 면을 잘 살펴보고 똑같은 기호가 있는 면 두 개를 찾아라.

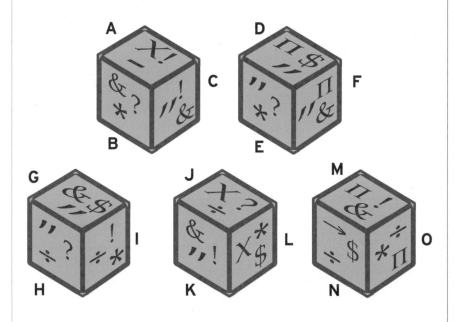

다음 네모 조각들을 잘 끼워 맞추어 하나의 정사각형을 만들어라. 단, 정사각형의 가로 첫째 줄 합과 세로 첫째 줄 합이 같고, 가로 둘째 줄 합은 세로 둘째 줄 합과 같아야 한다. 같은 방법으로 가로 세로에 해당하는 줄의 합이 일치하도록 정사각형을 완성하라.

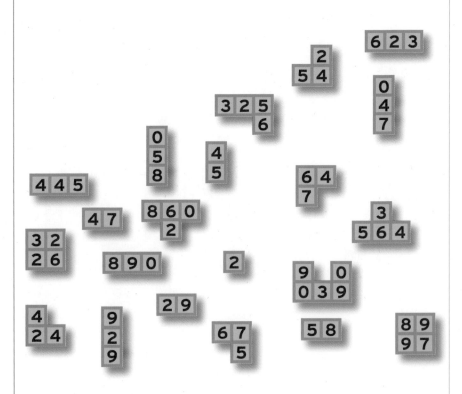

이 사각형 안의 각 기호들은 특정한 수를 나타낸다.
물음표 부분에 들어갈 숫자는?

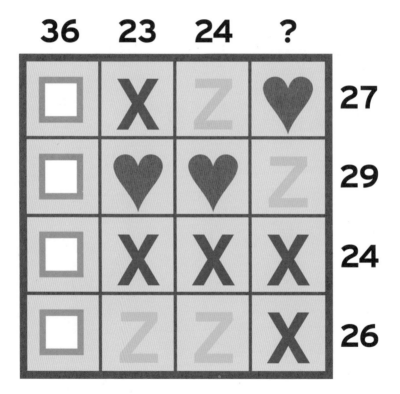

추론

각 삼각형에 나타난 얼굴과 가운데 숫자의 관계를 파악하고
물음표에 들어갈 숫자를 적어라.

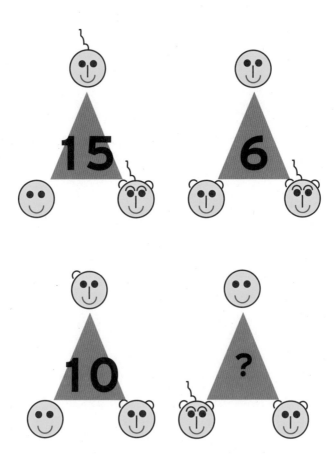

추론

각 정육면체의 면을 잘 살펴보고
똑같은 기호가 있는 면 두 개를 찾아라.

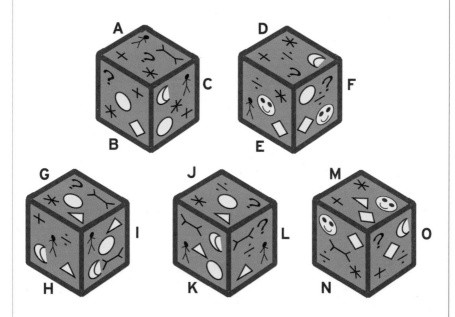

사각형 안의 각 기호들은 특정한 수를 나타낸다.
물음표 부분에 들어갈 숫자는?

44	**46**	**44**	**44**	
‡	*	✓	O	**?**
‡	‡	‡	‡	**56**
✓	‡	✓	✓	**38**
✓	O	‡	O	**44**

A와 B의 관계는 C와 ( )의 관계와 같다.
D~G 중 무엇인가?

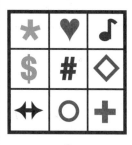

A

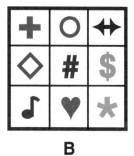

B

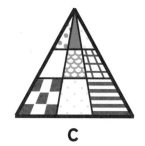

C

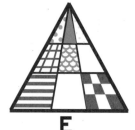

D **E**

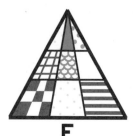

F **G**

각 정육면체의 면을 잘 살펴보고
똑같은 기호가 있는 면 두 개를 찾아라.

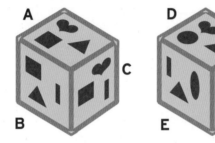

그림 속 숫자는 정해진 원칙에 따라 매겨진 것이다.
각 숫자와 그 숫자를 둘러싸고 있는 도형을 잘 살펴보고
물음표에 들어갈 숫자를 적어라.

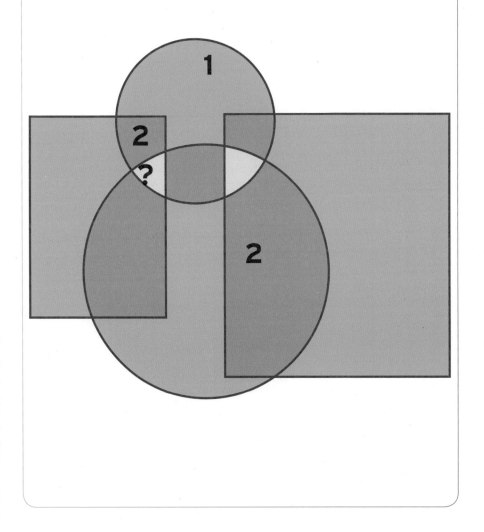

패턴

다음 얼굴 그림은 일정한 순서에 따라 변하고 있다. 그 순서를 잘 파악하고
뒤따라올 얼굴 그림을 선택하라.

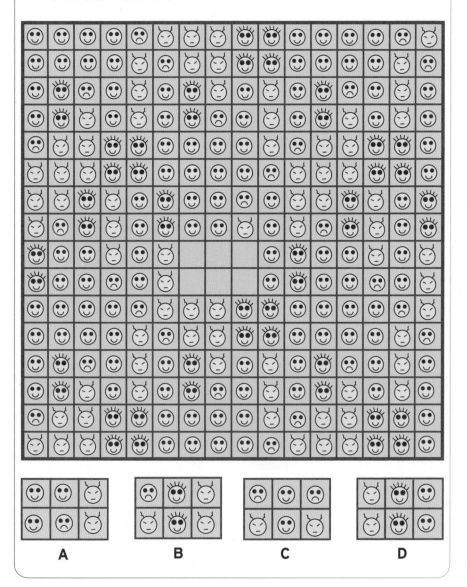

A

B

C

D

각 정육면체의 면을 잘 살펴보고
똑같은 기호가 있는 면 두 개를 찾아라.

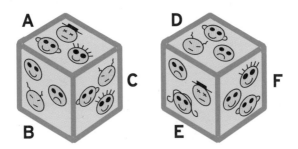

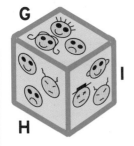

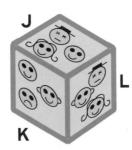

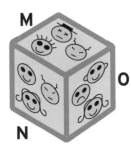

각 숫자를 잘 살펴보고 나머지 다른 숫자와
공통점이 없는 숫자를 선택하라.

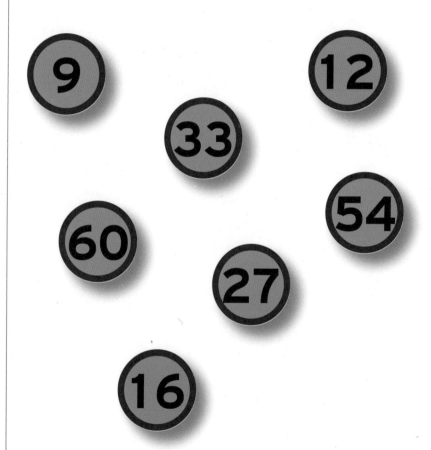

물음표 부분에 연산 기호를 채워서 두 원 안의 수식을 계산한 값이
같은 수가 되도록 만들어라. 단, +나 −만 사용할 수 있다.

A와 B의 관계는 C와 ( )의 관계와 같다.
D ~ G 중 무엇인가?

A

B

C

D

E

F

G

각 정육면체의 면을 잘 살펴보고 똑같은 기호가 있는 면 두 개를 찾아라.

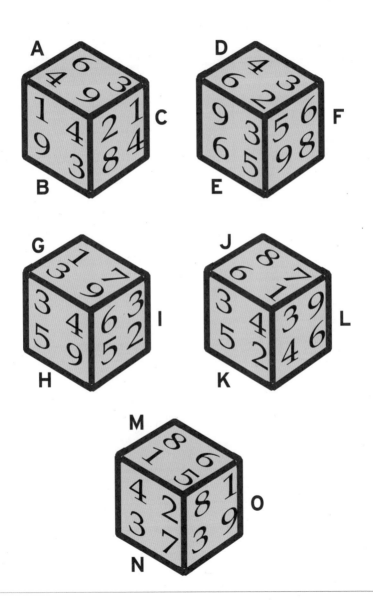

패턴

다음 네모는 왼쪽 위부터 일정한 순서를 반복하면서 기호를 채워 나간 것이다.
그 순서를 잘 파악하고 빈 칸을 알맞게 채워라.

다음의 주사위 중 이 평면도로
만들 수 없는 것은?

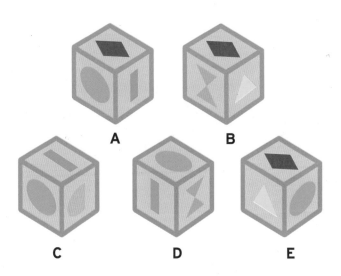

수리

원의 숫자 5부터 시계 방향으로 움직여 가운데 숫자인 17이 나오도록
물음표에 수학 부호를 넣어라.

각 삼각형의 꼭지점에 적힌 숫자를 일정한 원리에 따라 계산하면
가운데 숫자가 된다. 원칙에 맞지 않는 삼각형을 하나 골라라.

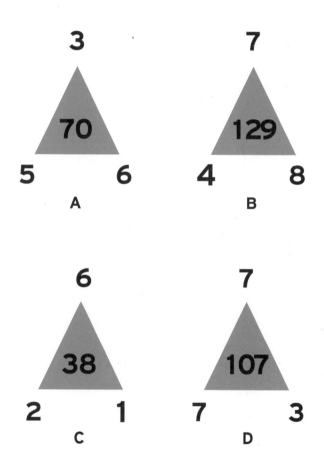

3

70

5   **6**

A

7

129

4   **8**

B

6

38

2   **1**

C

7

107

7   **3**

D

그림 속 숫자는 정해진 원칙에 따라 매겨졌다.
각 숫자와 그 숫자를 둘러싸고 있는 도형을 잘 살펴보고
물음표에 들어갈 숫자를 적어라.

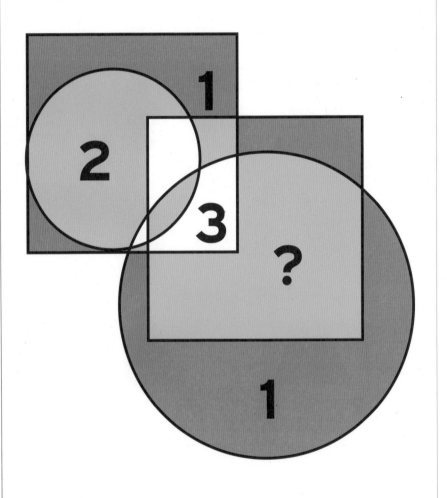

다음 숫자는 일정한 원칙에 따라 나열한 것이다.
뒤따라올 숫자와 그에 알맞은 색깔은 무엇일까?

12345

다음 네모 조각들을 잘 끼워 맞추어 하나의 정사각형을 만들어라. 단, 정사각형의 가로 첫째 줄 합과 세로 첫째 줄 합이 같고, 가로 둘째 줄 합은 세로 둘째 줄 합과 같아야 한다. 같은 방법으로 가로 세로에 해당하는 줄의 합이 일치하도록 정사각형을 완성하라.

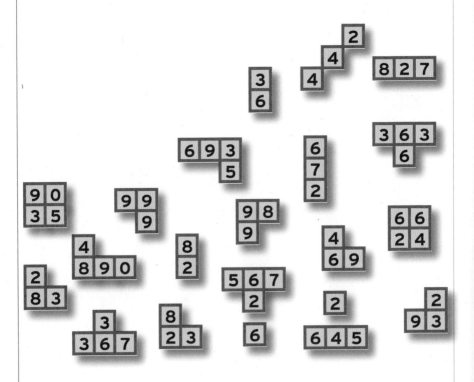

물음표 부분에 연산 기호를 채워서 두 원 안의 수식을 계산한 값이
같은 수가 되도록 만들어라. 단, ×나 ÷만 사용할 수 있다.

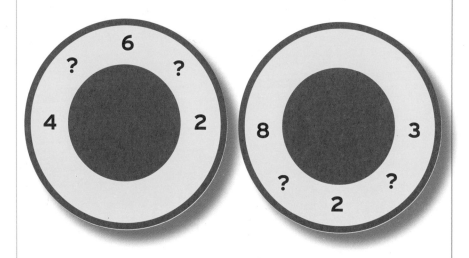

추론

각 정육면체의 면을 잘 살펴보고 동일한 기호가 있는 면 세 개를 찾아라.

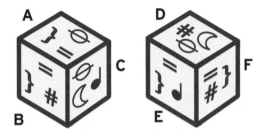

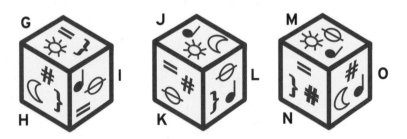

세 개의 저울은 모두 균형을 이루고 있다.
마지막 저울의 물음표에 들어갈 그림은 무엇인가?

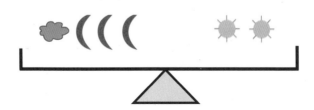

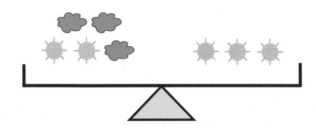

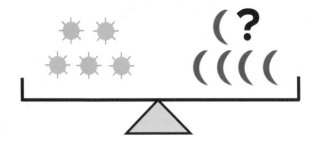

다음 중 나머지 숫자들과 공통점이 없는 숫자가 적힌 공을 골라라.

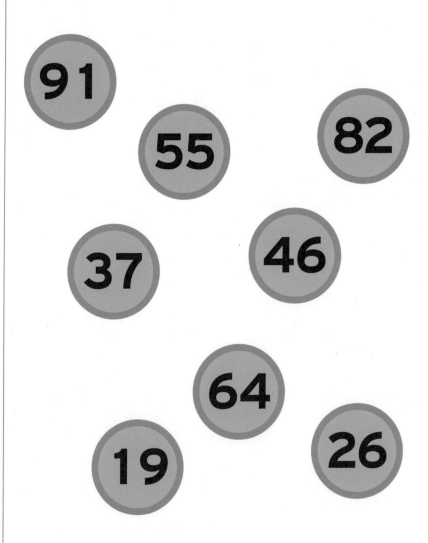

A와 B의 관계는 C와 ( )의 관계와 같다. D~G 중 무엇일까?

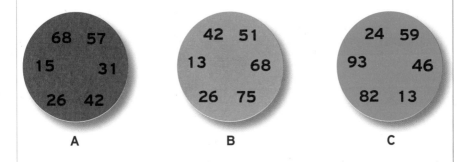

68 57	42 51	24 59
15 31	13 68	93 46
26 42	26 75	82 13
A	B	C

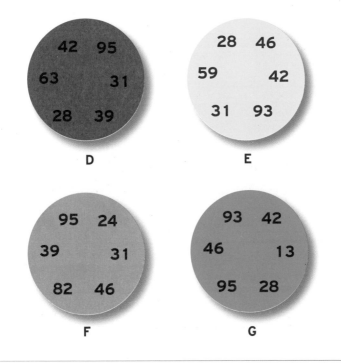

42 95	28 46
63 31	59 42
28 39	31 93
D	E

95 24	93 42
39 31	46 13
82 46	95 28
F	G

각 정사각형의 모서리에 적힌 숫자를 일정한 원칙에 따라 계산하면 가운데 숫자가 나온다. 그 원칙을 파악하고 물음표에 들어갈 알맞은 숫자를 적어라.

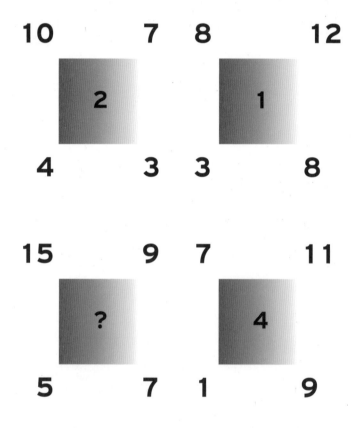

세 개의 저울은 모두 균형을 이루고 있다.
마지막 저울의 물음표에 들어갈 그림은 무엇인가?

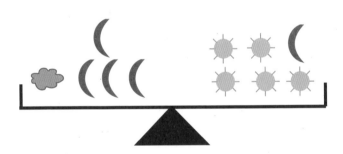

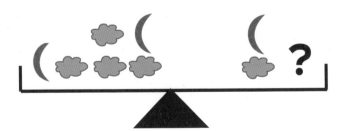

패턴

각 그림을 잘 살펴보고 공통점이 없는 그림을 선택하라.

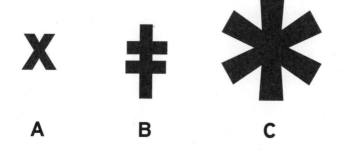

A   B   C

D   E   F

C가 A, B와 동일한 규칙을 따르게 하려면 물음표 부분에
어떤 숫자가 들어가야 할까?

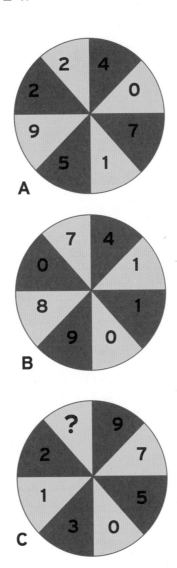

다음 네모는 왼쪽 위부터 일정한 순서를 반복하면서 기호를 채워 나간 것이다.
그 순서를 잘 파악하고 빈 칸에 알맞은 그림을 그려라.

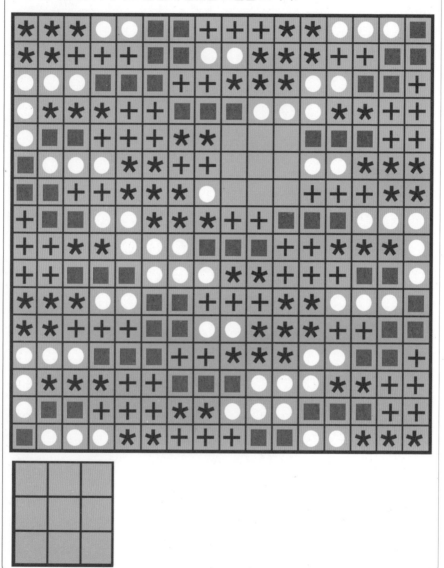

그림 A와 B는 매우 비슷하지만 완전히 똑같지는 않다.
A와 B가 서로 다른 부분 11곳을 찾아라.

A

B

이 도형 안의 숫자들 사이에는 연산 기호가 생략되어 있다. 맨 위의 숫자 6부터 시계 방향으로 생략된 연산 기호들을 채워 가운데에 있는 정답이 나오도록 해보자.

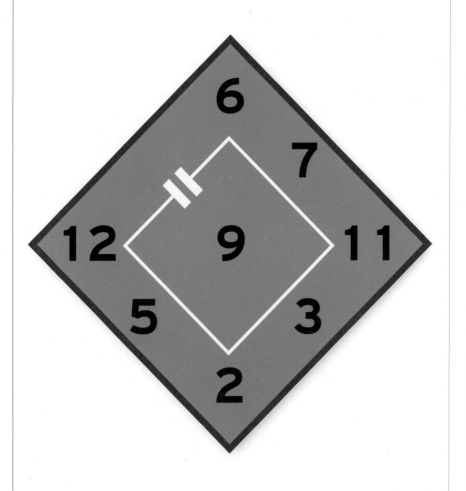

세 개의 원에 적힌 숫자들은 일정한 원칙에 따라 계산한 것이다. 같은 위치에 있는 숫자들 사이의 관계를 잘 파악하고 물음표에 들어갈 알맞은 숫자를 적어라.

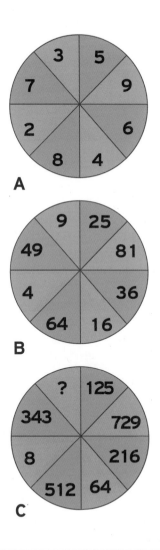

세 번째 저울이 평형을 이루려면 물음표 부분에
어떤 기호가 몇 개 들어가야 할까?

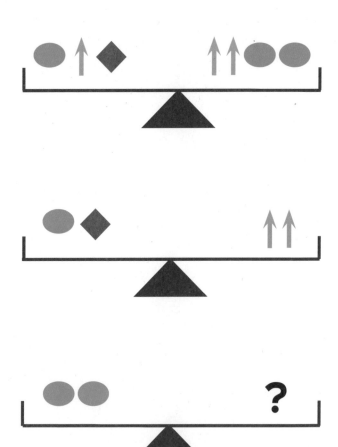

퍼즐 76

다음 도형 중 나머지와 종류가 다른 것은?

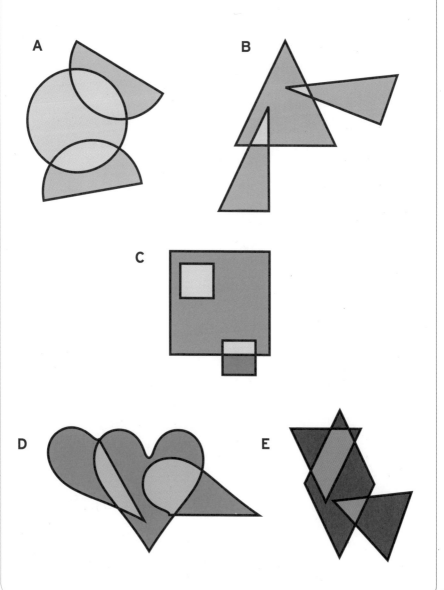

추론

각 시곗바늘이 가리키는 숫자를 잘 살펴보고 4번 시계에 나타날 시간을 적어라.

추론

각 기호들이 어떤 수를 나타내는지 찾아내어 물음표 부분에 들어갈 수를 맞혀라.

35	47	38	24	
‡	✱	✱	✱	**?**
✓	‡	‡	✓	**40**
✓	O	✓	✓	**21**
O	O	O	O	**48**

다음 각 그림에 들어 있는 도형을 살펴보고 공통점이 없는 그림을 골라라.

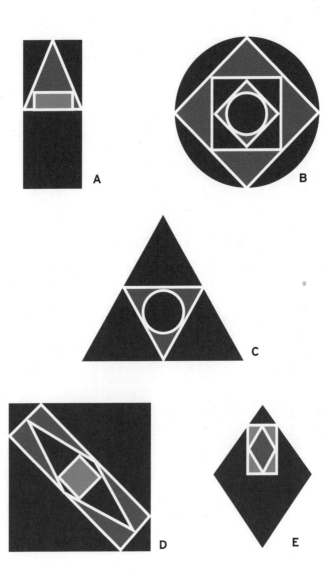

패턴

시곗바늘이 움직인 순서를 잘 파악하고 뒤따라올 그림으로
알맞은 시계를 선택하라.

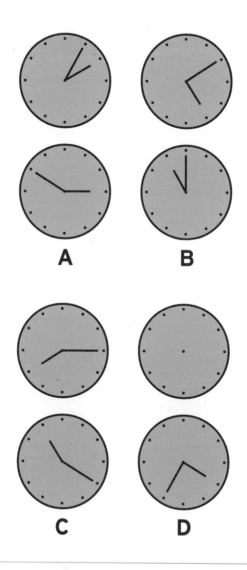

A와 B의 관계는 C과 ( )의 관계와 같다. D ~ H 중 무엇인가?

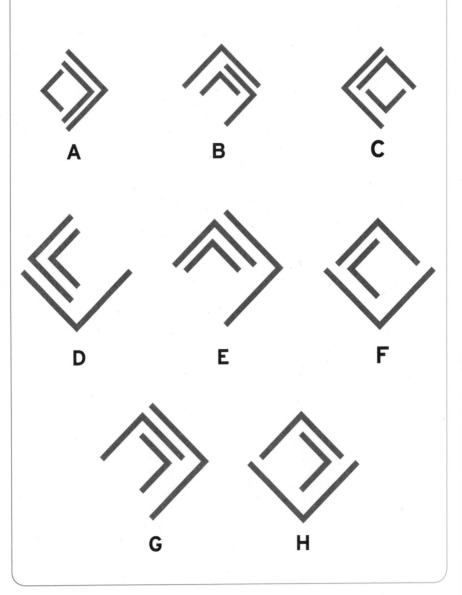

공간

오른쪽에 있는 도형과 결합시켰을 때
완벽한 삼각형을 이룰 수 있는 도형은?

A

B

C

D

E

성냥개비로 정사각형 13개를 만들었다.

이 중 성냥개비를 4개만 빼서 정사각형을 8개만 남겨라.

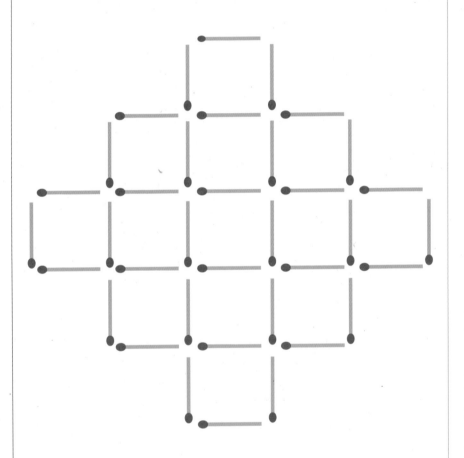

다음에 나오는 그림들을 살펴보고 공통점이 없는 그림을 골라라.

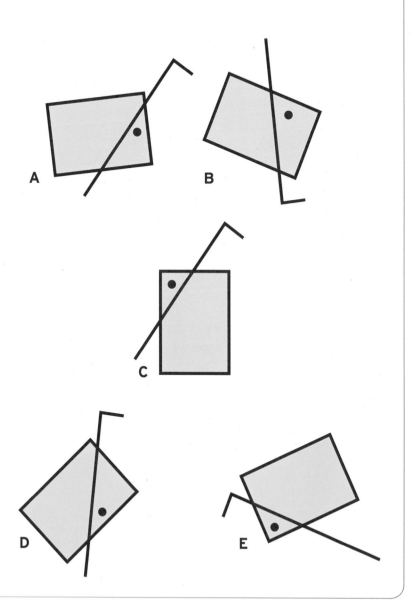

패턴

퍼즐 85

다음에 나오는 그림들을 살펴보고 공통점이 없는 그림을 골라라.

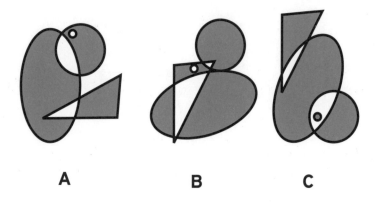

A　　　　　　　**B**　　　　　　　**C**

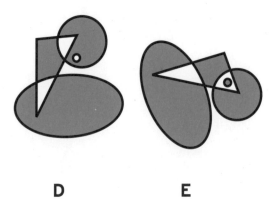

D　　　　　　　**E**

퍼즐 86

A와 B의 관계는 C와 ( )의 관계와 같다. D~H 중 무엇인가?

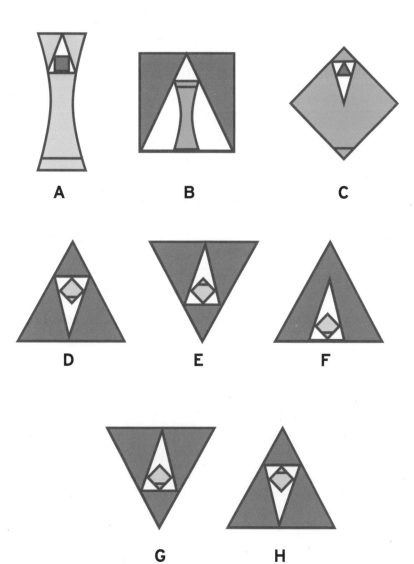

111

시곗바늘이 움직인 순서를 잘 파악하고 네 번째 시계가 가리켜야 할 시각을 A~D 중에서 골라라.

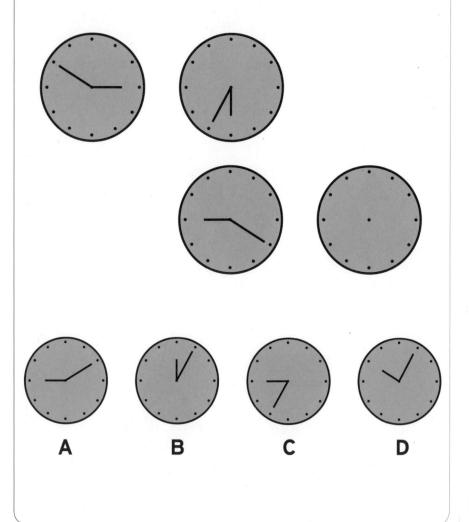

A   B   C   D

추론

A와 B의 관계는 C와 ( )의 관계와 같다. D~H 중 무엇인가?

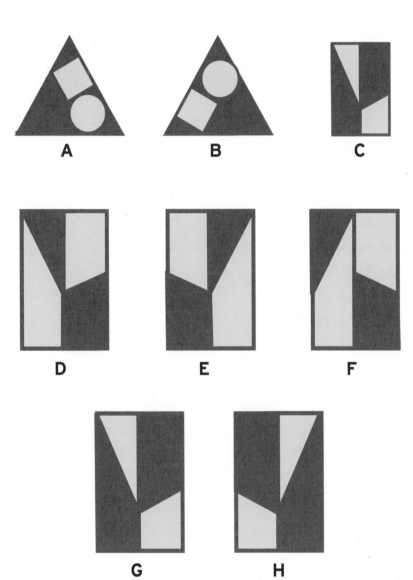

패턴

다음 네모는 왼쪽 위부터 특정한 순서를 반복하면서 기호를 채워 나간 것이다.
그 순서를 잘 파악하고 빈 칸에 들어갈 그림을 A~D 중에서 골라라.

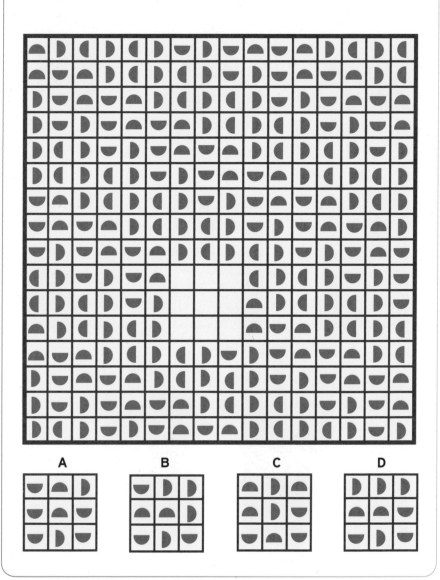

A B C D

다음 그림은 일정한 원칙에 따라 변하고 있다. 그 원칙을 잘 파악하고 뒤 따라올 그림을 A~E 중에서 선택하라.

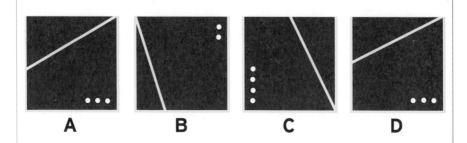

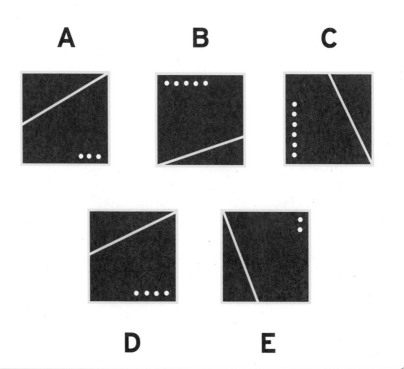

각 정육면체의 면을 잘 살펴보고 같은 글자가 쓰여 있는 면 두 개를 찾아라.

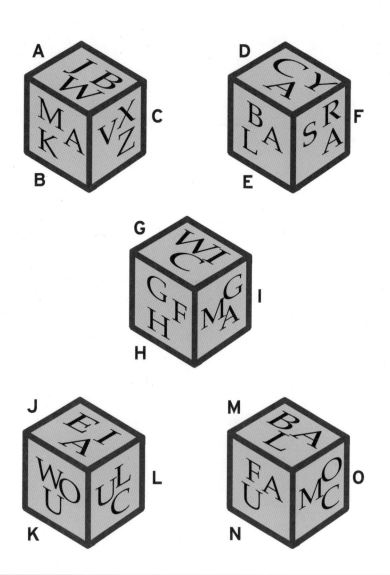

추론

별 그림에서 서로 마주보는 삼각형에 적힌 알파벳끼리는 일정한 관계가 있다. 알파벳 I와 마주보는 물음표에 들어갈 알파벳을 적어라.

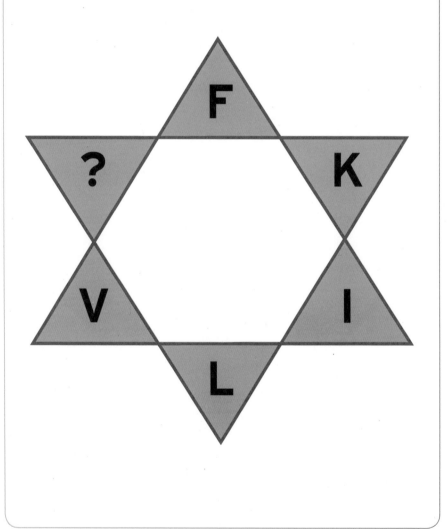

다이아몬드의 4부터 시계 방향으로 움직여 가운데 숫자인 62가 나오도록 각 숫자 사이에 수학 부호를 넣어라! 단, +, −, ×, ÷ 부호 중에서 세 가지 부호를 골라 두 번씩 사용해야 한다.

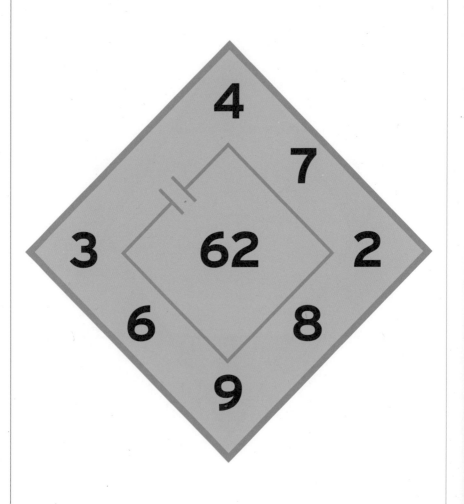

정사각형 모서리에 적힌 숫자를 일정한 원칙에 따라 계산하면 가운데 숫자가 나온다. 그 원칙을 파악한 다음 물음표에 들어갈 숫자를 적어라.

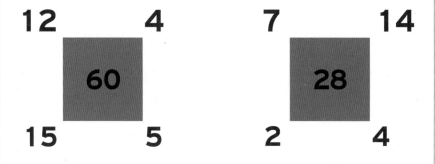

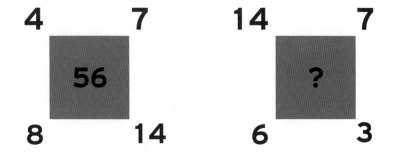

일정한 원칙에 따라 케이크를 장식하기로 했는데 누군가 실수하고 말았다.
A~F 중 나머지와 어울리지 않는 부문을 하나 찾아라.

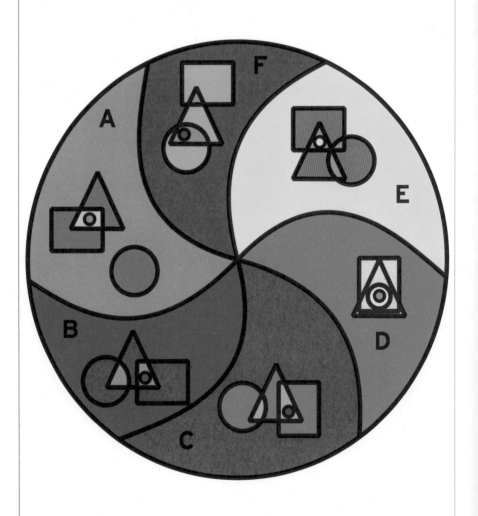

Answers 정답

퍼즐 1.

E. E를 제외한 나머지 삼각형 그룹은 모두 하늘색→빨간색→파란색→녹색 →노란색→분홍색의 순서로 배열되어 있다.

퍼즐 2.

E.

퍼즐 3.

4. 각 칸의 바깥쪽에 있는 두 개의 숫자를 곱한 값이 시계 방향으로 두 칸 이동한 칸의 안쪽 숫자와 같다.

퍼즐 4.

7. 각 삼각형의 꼭짓점에 있는 숫자 세 개를 더한 후 2를 곱한 값이 중앙에 있는 숫자와 같다.

퍼즐 5.

4. 총 네 개의 사각형이 있고, 각 숫자는 그 부분에 겹쳐 있는 사각형의 수이다.

퍼즐 6.

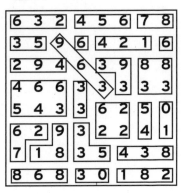

퍼즐 7.

21. 삼각형 바깥쪽 세 숫자를 더한 값은 그 다음 삼각형 안의 숫자가 된다. 즉, 물음표에 들어갈 숫자는 그 앞에 있는 삼각형 바깥쪽 세 숫자인 12+2+7=21이 된다. 참고로 마지막 삼각형의 바깥쪽 세 숫자를 더한 값은 첫 번째 삼각형의 가운데 값인 23과 일치한다.

퍼즐 8.

15번 공. 15를 제외한 나머지 숫자는 약수가 1과 자기 자신 뿐인 소수다.

퍼즐 9.

1:00. 분침은 20분씩 앞으로 이동하고, 시침은 1시간씩 뒤로 이동한다.

퍼즐 10.

◆: (◆ 4개= ➜ 3개=↑6개)

퍼즐 11.

F. 기호들이 수직선을 기준으로 거울처럼 대칭을 이루고 있다.

퍼즐 12.

E. E 얼굴에만 곡선이 없다.

퍼즐 13.

8. 먼저 꼭짓점의 모든 숫자를 더한다. 노란색 사각형일 경우 이 값에 5를 더하고, 녹색 사각형일 경우 이 값에서 5를 뺀다.

퍼즐 14.

G. A에서 출발하여 선 2개를 그린 다음 선 1개를 지우고, 다시 선 3개를 그린 다음 선 2개를 지우고, 선 4개를 그려준 순서에 따라 F 다음에는 선 3개를 지운 그림 G가 뒤따라야 한다.

퍼즐 15.

6시 45분. 분침은 15분, 30분, 45분씩 뒤로 이동하고, 시침은 3시간, 6시간, 9시간씩 앞으로 이동한다.

퍼즐 16.

분홍색. 다른 색은 모두 원색이거나 원색끼리 섞어서 만든 중간색이다.

퍼즐 17.

+, +, −, −, −, ÷, ÷, ×, ×, ×의 순서를 반복하면서 왼쪽 위부터 출발하여 시계 방향으로 채워지는 그림이다.

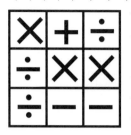

퍼즐 18.

D와 L.

퍼즐 19.

39. √=6, ＊=9, ‡=3, O=24를 나타낸다.

퍼즐 20.

E와 O. 두 면에 나타난 알파벳은 N, O, P, X다.

퍼즐 21.

퍼즐 22.

5	8	6	3	4
8	6	0	7	2
6	0	9	1	7
3	7	1	2	5
4	2	7	5	8

퍼즐 23.

6시 20분. 분침은 20분씩 앞으로 이동하고, 시침은 2시간씩 뒤로 이동한다.

퍼즐 24.

B. A에서 D까지 움직이면서 네모 안에 들어간 도형은 한 번 움직일 때마다 변의 개수가 하나씩 늘어나고 있다. 따라서 B는 변이 2개인 도형이 들어가야 한다.

퍼즐 25.

68. ■ =7, X =11 Z =3, ♥ =17을 나타낸다.

퍼즐 26.

C. 각 색깔의 영어 알파벳 첫 자를 연결하면 뜻을 지닌 단어가 된다. 즉 green(녹색), orange(주황색), red(빨간색), yellow(노란색), purple(보라색)에 따라 A는 gory(불쾌한), B는 poor(가난한), D는 prop(후원자), E는 orgy(열광)의

단어를 이루지만 C의 poyg라는 단어는 존재하지 않는다.

퍼즐 27.

72. 원의 상단에 있는 수에 특정한 수를 곱한 값이 하단의 맞은편에 있는 수와 같다. 첫째 원에서는 상단에 있는 수에 3을 곱한 값, 둘째 원에서는 6을 곱한 값, 셋째 원에서는 9를 곱한 값이 하단 맞은편의 수가 된다.

퍼즐 28.

●. 삼각형 꼭대기에 있는 원 모양끼리, 삼각형 밑변에 있는 원 모양끼리 정해진 원칙에 따라 변하고 있다. 한 번 움직일 때마다 원의 1/4씩 채워져야 하고 만약 원을 모두 채웠다면 다시 1/4만 채운 그림으로 돌아가는 원칙이다. 따라서 물음표 자리 바로 앞이 3/4만큼 채운 원이므로 정답은 모두 채운 원이 된다.

퍼즐 29.

C.

퍼즐 30.

구름 1개. ☁ =3, ☂ =2, ☾ =4를 나타낸다.

퍼즐 31.

C. C를 제외한 나머지 그림에 나타난 선의 개수는 모두 홀수인 반면, C에 나

타난 선의 개수는 짝수다.

퍼즐 32.
 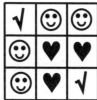 √ √ √ ♥ ♥ ♥ ☺ ☺ √ ♥ ☺의 순서를 반복하면서 오른쪽 위부터 출발하여 시계 방향으로 채워지는 그림이다.

퍼즐 33.
위쪽은 ÷, ×. 아래쪽은 ×, ×.

퍼즐 34.
33. ✳=8, √=12, ✚=13, O=5를 나타낸다.

퍼즐 35.
E와 I.

퍼즐 36.
– – ×.

퍼즐 37.
15. 왼쪽 위 꼭짓점의 수에서 시작해서 시계 방향으로 그 수를 계속 더해 나간다.
첫 번째 사각형을 예로 들 경우,
7+7=14+7=21+7=28+7=35가 되는 원리다.

퍼즐 38.
A. 먼저 얼굴 안에 원이나 선을 하나 그린다. 그 다음에는 원이나 선 하나와 머리카락 하나를 추가한다. 그 다음에는 머리카락을 하나 추가한다. 그 다음에는 다시 원이나 선 하나와 머리카락 하나를 추가한다. 이 순서를 반복한다.

퍼즐 39.
✳ ✳ ✳ ✳ ✳ ✳.
(☾=2, ☁=3, ✳=4를 나타낸다.

퍼즐 40.
C와 K.

퍼즐 41.

4	4	5	6	7	8	9	0
4	3	2	4	5	6	2	3
5	2	6	2	4	0	0	9
6	4	2	8	9	4	5	2
7	5	4	9	7	7	8	9
8	6	0	4	7	3	2	5
9	2	0	5	8	2	3	6
0	3	9	2	9	5	6	4

퍼즐 42.
23. □=9, X=5, Z=6, ♥=7을 나타낸다.

퍼즐 43.
2. 각 삼각형의 얼굴 표정에 들어간 그

림과 머리카락을 세어 숫자로 나타낸 다음(단, 얼굴 테두리인 원의 개수는 제외한다), 꼭대기와 오른쪽 아래의 숫자를 곱하여 왼쪽 아래의 숫자로 나눈 값을 삼각형 가운데 적는다.

퍼즐 44.
I와 K.

퍼즐 45.
40. *=7, √=8, ‡=14, O=11을 나타낸다.

퍼즐 46.
G. A를 180° 회전하면 B가 된다.

퍼즐 47.
K와 O.

퍼즐 48.
3. 총 4개의 도형이 있고, 각 숫자는 그 숫자를 둘러싸고 있는 도형의 수이다.

퍼즐 49.
B. ☺☺☺☺☹😿😿😾👹의 순서를 반복하면서 왼쪽 위부터 아래로 다시 아래에서 위로 반복하며, 점점 오른쪽으로 채운 것이다.

퍼즐 50.
B와 H.

퍼즐 51.
16. 나머지 숫자는 모두 3의 배수다.

퍼즐 52.
위쪽은 +, +. 아래쪽은 +, -.

퍼즐 53.
E. A를 시계 방향으로 90° 회전하면 B가 나온다.

퍼즐 54.
A와 L. A와 L에 적힌 숫자는 3, 4, 6, 9다.

퍼즐 55.
♥♥√ØØ‡♥√√ Ø‡‡의 순서를 반복하면서 왼쪽 위부터 아래로 다시 아래에서 위로 반복하며, 점점 오른쪽으로 채운 것이다.

퍼즐 56.
D.

퍼즐 57.
5×4÷2+7=17.

퍼즐 58.
C. 삼각형 내부에 있는 숫자는 세 꼭짓점에 있는 숫자들을 제곱한 값의 합

이다. C는 이 규칙에 어긋난다.

퍼즐 59.

2. 각 숫자는 그 숫자를 둘러싸고 있는 도형의 수이다.

퍼즐 60.

남색 6과 보라색 7.
무지개 색깔 순서와 숫자 나열 순서를 따르고 있다.

퍼즐 61.

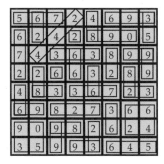

퍼즐 62.

왼쪽은 ×, ÷. 오른쪽은 ÷, ×.

퍼즐 63.

B, F, N.

퍼즐 64.

((((. ☀=9, (=5, ◆=3.

퍼즐 65.

26. 26을 제외한 나머지 공의 숫자

들은 모두 앞자리와 뒷자리를 합친 값이 10이다.

퍼즐 66.

F. 그림 A에 나온 숫자 중 홀수만 골라서 앞뒤 숫자를 서로 바꾸어주면 그림 B가 나온다.

퍼즐 67.

8. 왼쪽 위의 수에서 왼쪽 아래의 수를 뺀 뒤, 오른쪽 위의 수에서 오른쪽 아래의 수를 뺀다. 첫 번째 값에서 두 번째 값을 뺀 결과가 사각형 내부의 수가 된다.

퍼즐 68.

◆ 3개와 (1개.
☀=6, (=7, ◆=9.

퍼즐 69.

D. 나머지는 모두 열린 도형인 반면, D만 닫혀 있는 도형이다.

퍼즐 70.

3. 각 원 안의 수를 모두 더하면 30이 된다.

퍼즐 71.

★★★, ○○,
■■■, +++,
★★, ○○○, ■

■■, ✚✚의 순서로 왼쪽 맨 위부터 오른쪽으로, 그 다음 줄은 오른쪽에서 왼쪽으로 진행되는 방식으로 계속 반복된다.

퍼즐 72.

퍼즐 73.

6 + 7 + 11 ÷ 3 × 2 + 5 - 12 = 9.

퍼즐 74.

27. 첫 번째 원 안의 숫자를 제곱한 값이 두 번째 원의 같은 위치에 들어가 있다. 그리고 첫 번째 원 안의 숫자를 세제곱한 값은 세 번째 원의 같은 위치에 있는 수와 같다.

퍼즐 75.

↑ 1개. ● =1, ↑ =2, ◆ =3을 각각 나타낸다.

퍼즐 76.

C. C를 제외한 나머지는 작은 도형을 합쳤을 때 큰 도형과 같은 형태가 된다.

퍼즐 77.

6시 50분. 분침은 5분, 10분, 15분씩 뒤로 이동하고, 시침은 1시간, 2시간, 3시간씩 앞으로 이동한다.

퍼즐 78.

35. ✳=6, √=3, ♯=17, O=12.

퍼즐 79.

C. C를 제외한 나머지는 가장 큰 도형과 가장 작은 도형의 형태가 같다.

퍼즐 80.

C. 분침은 5분씩 앞으로 이동하고, 9시침은 3시간씩 앞으로 이동한다.

퍼즐 81.

C. 첫 번째 그림에서 가장 짧은 선은 시계 방향으로 90° 회전하고 중간 선은 그 자리에 계속 두고, 가장 긴 선은 반시계 방향으로 90° 회전하면 두 번째 그림이 나타난다.

퍼즐 82.

B.

퍼즐 83.

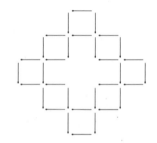

퍼즐 84.

B. B는 선과 선이 교차되면서 만들어지는 삼각형이 없다.

퍼즐 85.

B. B를 제외한 나머지는 모두 작은 원이 큰 원의 내부에 있다.

퍼즐 86.

E. 가장 큰 도형을 거꾸로 뒤집은 후, 크기별 순서를 반대로 바꾼 것이다.

퍼즐 87.

B. 분침은 15분씩 뒤로 이동하고, 시침은 3시간씩 앞으로 이동한다.

퍼즐 88.

H.

퍼즐 89.

A. ◖◖◖◗◗◗◗◗◗◖◖◖◗ 의 순서로 왼쪽 맨 위부터 아래쪽으로, 그 다음에는 다시 다음 줄의 위쪽에서 아래쪽으로 진행되는 방식으로 계속 반복된다.

퍼즐 90.

B. 점은 먼저 하나가 줄고, 그 다음엔 두 개가 늘어난다. 사각형은 점이 줄거나 늘어나는 수만큼 시계 방향으로 회전한다.

퍼즐 91.

E와 M.

퍼즐 92.

R. 삼각형 안 글자가 나타내는 수는 알파벳 순서에 따라 결정된다. 그 수에 2를 곱한 값이 맞은편 삼각형 안의 숫자가 된다. I(9)×2=18(R).

퍼즐 93.

4×7÷2+8+9×6÷3=62

퍼즐 94.

42. 사각형 오른쪽 위의 수와 왼쪽 아래의 수를 곱한 값 또는 왼쪽 위의 수와 오른쪽 아래의 수를 곱한 값이 사각형 내부의 수가 된다.

퍼즐 95.

D가 잘못되었다. 다른 부분은 가장 작은 원에 두 가지 도형이 겹쳐져 있는데 D에서만 세 가지 도형이 겹쳐져 있다.

엄마를 위한 **멘사 종합 퍼즐** - 초급

초판 1쇄 발행 2021년 5월 28일

지은이 | 로버트 앨런
옮긴이 | 홍주연
펴낸이 | 정광성
펴낸곳 | 알파미디어
등록번호 | 제2018-000063호
주소 | 서울시 강동구 천호옛12길 46 2층 201호
전화 | 02 487 2041
팩스 | 02 488 2040

ISBN 979-11-91122-15-2 (03410)

© 2021, 알파미디어